↗点線にそって切り取りましょう。

Gakken New Course Study Plan Sheet

WEEKLY STUDY PLAN

Name of the Test ←テスト名を書こう。

Test Period ←

テスト期間を書こう。

／ ～ ／

勉強する日付を書こう。

Date　To-do List ← やることを書こう。
（例）「英単語を10個覚える」など。

／
( )

／
( )

／
( )

／
( )

／
( )

／
( )

／
( )

1時間分のマス目をぬろう。1マス10分。

🕐 Ti
0分 10

🕐 Time Record
0分 10　20　30　40　50　60分
→1時間
→2時間
→3時間
→4時間
→5時間
→6時間

🕐 Time Record
0分 10　20　30　40　50　60分
→1時間
→2時間
→3時間
→4時間
→5時間
→6時間

🕐 Time Record
0分 10　20　30　40　50　60分
→1時間
→2時間
→3時間
→4時間
→5時間
→6時間

🕐 Time Record
0分 10　20　30　40　50　60分
→1時間
→2時間
→3時間
→4時間
→5時間
→6時間

🕐 Time Record
0分 10　20　30　40　50　60分
→1時間
→2時間
→3時間
→4時間
→5時間
→6時間

🕐 Time Record
0分 10　20　30　40　50　60分
→1時間
→2時間
→3時間
→4時間
→5時間
→6時間

WEEKLY STUDY P

Name of the Test

Date　To-do List

／
( )

／
( )

／
( )

／
( )

／
( )

／
( )

WEEKLY STUDY PLAN

Name of the Test

Test Period

/ ~ /

Test Period

/ ~ /

Date   To-do List

/
( )
☐ ☐ ☐ ☐ ☐ ☐

/
( )
☐ ☐ ☐ ☐ ☐ ☐

/
( )
☐ ☐ ☐ ☐ ☐ ☐

/
( )
☐ ☐ ☐ ☐ ☐ ☐

/
( )
☐ ☐ ☐ ☐ ☐ ☐

/
( )
☐ ☐ ☐ ☐ ☐ ☐

/
( )
☐ ☐ ☐ ☐ ☐ ☐

Time Record

0分 10 20 30 40 50 60分
1時間
2時間
3時間
4時間
5時間
6時間

【 学研ニューコース 】

問題集

中2数学

Gakken

中2数学 問題集

特長と使い方 …………………………………… 3

1章　式の計算

1 式の加法・減法 ……………………………… 4
2 式の乗法・除法 ……………………………… 8
3 文字式の利用 ……………………………… 12
● 定期テスト予想問題① ……………………… 16
● 定期テスト予想問題② ……………………… 18

2章　連立方程式

1 連立方程式の解き方 ………………………… 20
2 いろいろな連立方程式 ……………………… 24
3 連立方程式の利用 …………………………… 28
● 定期テスト予想問題① ……………………… 32
● 定期テスト予想問題② ……………………… 34

3章　1次関数

1 1次関数の式とグラフ ……………………… 36
2 方程式とグラフ ……………………………… 40
3 1次関数の応用 ……………………………… 44
● 定期テスト予想問題① ……………………… 48
● 定期テスト予想問題② ……………………… 50

4章　図形の調べ方

1 平行線と角 …………………………………… 52
2 多角形の内角と外角 ………………………… 56
3 合同と証明 …………………………………… 60
● 定期テスト予想問題① ……………………… 64
● 定期テスト予想問題② ……………………… 66

5章　図形の性質

1 三角形 ………………………………………… 68
2 平行四辺形 …………………………………… 72
3 特別な平行四辺形と面積 …………………… 76
● 定期テスト予想問題① ……………………… 80
● 定期テスト予想問題② ……………………… 82

6章　確率

1 確率の求め方 ………………………………… 84
● 定期テスト予想問題 ………………………… 88

7章　データの活用

1 箱ひげ図 ……………………………………… 90
● 定期テスト予想問題 ………………………… 94

「解答と解説」は別冊になっています。
●●●●▶ 本冊と軽くのりづけされていますので，はずしてお使いください。

本書の特長と使い方

特長	ステップ式の構成で無理なく実力アップ	充実の問題量＋定期テスト予想問題つき	スタディプランシートでスケジューリングもサポート

【1見開き目】

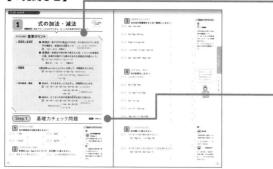

テストに出る！　重要ポイント

各項目のはじめには，その項目の重要語句や要点，公式・法則などが整理されています。まずはここに目を通して，テストによく出るポイントをおさえましょう。

Step 1　基礎力チェック問題

基本的な問題を解きながら，各項目の基礎が身についているかどうかを確認できます。
わからない問題や苦手な問題があるときは，「得点アップアドバイス」を見てみましょう。

 おさえておくべきポイントや公式・法則。

 小学校や前の学年までの学習内容の復習。

テストで注意 テストでまちがえやすい内容の解説。

【2見開き目】

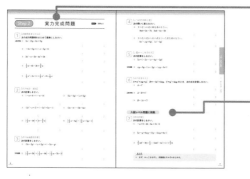

Step 2　実力完成問題

標準レベルの問題から，やや難しい問題を解いて，実戦力をつけましょう。まちがえた問題は解き直しをして，解ける問題を少しずつ増やしていくとよいでしょう。

入試レベル問題に挑戦

各項目の，高校入試で出題されるレベルの問題に取り組むことができます。どのような問題が出題されるのか，雰囲気をつかんでおきましょう。

√よくでる 定期テストでよく問われる問題。　ミス注意 まちがえやすい問題。　 思考 思考力を問う問題。

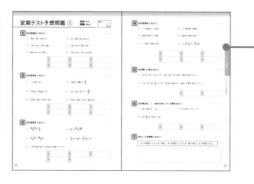

定期テスト予想問題

学校の定期テストでよく出題される問題を集めたテストで，力試しができます。制限時間内でどれくらい得点が取れるのか，テスト本番に備えて取り組んでみましょう。

スタディプランシート【巻頭】

勉強の計画を立てたり，勉強時間を記録したりするためのシートです。計画的に勉強するために，ぜひ活用してください。

リンク
ニューコース参考書
中2数学
p.28 〜 38

1 式の加法・減法

攻略のコツ 減法でかっこをはずすときは，かっこ内の各項の符号を変えよう。

テストに出る！ **重要ポイント**

● **単項式と多項式**

❶ **単項式**…数や文字の乗法だけの式。かけ合わされている文字の個数を，単項式の**次数**という。←aや-5などの1つの文字や数も単項式と考える

例 $-2a=-2×a$　次数は1

❷ **多項式**…単項式の和の形で表された式。1つ1つの単項式を**項**，各項の次数のうち最大のものを多項式の**次数**という。

例 $3x^2-5x-7=3x^2+(-5x)+(-7)$

項は $3x^2$，$-5x$，-7　　次数は2

● **同類項**

分配法則 $ax+bx=(a+b)x$ を使って，同類項をまとめる。

例 $2x+3y-x-7y=2x-x+3y-7y$ ←項を並べかえる

$=(2-1)x+(3-7)y$ ←同類項をまとめる

$=x-4y$

● **式の加法・減法**

❶ 加法は，そのままかっこをはずし，同類項をまとめる。

例 $(4a-3b)+(5a-2b)=4a-3b+5a-2b$ ←かっこをはずす

$=4a+5a-3b-2b$ ┐
$=9a-5b$ ┘同類項をまとめる

❷ 減法は，ひくほうの式の各項の符号を変えて加える。

例 $(4a-3b)-(5a-2b)=4a-3b-5a+2b$ ← $-(\ )$ の，かっこ内の符号を変える

同類項をまとめる ┌ $=4a-5a-3b+2b$
└ $=-a-b$

Step 1　基礎力チェック問題

解答 別冊 p.2

1 【単項式の次数】
次の単項式の次数を答えなさい。

☑ (1) $-15x$

〔　　　　　〕

☑ (2) $5ab^2$

〔　　　　　〕

☑ (3) $-2x^2y^2$

〔　　　　　〕

☑ (4) $3a^2b^3c$

〔　　　　　〕

2 【多項式の項と次数】
多項式 $x^2y-2xy+3$ について，次の問いに答えなさい。

☑ (1) 項をすべて答えなさい。

〔　　　　　〕

☑ (2) この式は何次式ですか。

〔　　　　　〕

得点アップアドバイス

1

テストで注意 **文字の種類の数ではない！**
文字の種類の数ではなく，文字の個数を数えること。

2
(1) 単項式の和の形に表して考えるとよい。
(2) 多項式の次数は，各項の次数のうちで最大のもの。

3 【同類項をまとめる】
次の式の同類項をまとめて簡単にしなさい。

☑ (1) $4a^2 - 7a + 5a^2$

〔　　　　　〕

☑ (2) $6x + 5y - 2x + y$

〔　　　　　〕

☑ (3) $2xy - z + xy + 4z$

〔　　　　　〕

☑ (4) $-x^2 + 4x - 1 + 3x^2 - 5x + 4$

〔　　　　　〕

☑ (5) $3a^2 - ab + 2b^2 - 3ab - 4a^2$

〔　　　　　〕

4 【式の加法・減法】
次の計算をしなさい。

☑ (1) $(x+3) + (x+4)$

〔　　　　　〕

☑ (2) $5a + (3b - 8a)$

〔　　　　　〕

☑ (3) $(x-4y) + (x+3y)$

〔　　　　　〕

☑ (4) $2x - (x - y)$

〔　　　　　〕

☑ (5) $(x-1) - (2x+y)$

〔　　　　　〕

☑ (6) $(2a-b) - (-3a+5b)$

〔　　　　　〕

5 【2つの式の和と差】
次の問いに答えなさい。

☑ (1) 下の2つの式の和を求めなさい。
$$2x - 3y + z, \quad -x + 2y - 2z$$

〔　　　　　〕

☑ (2) 下の左の式から右の式をひいた差を求めなさい。
$$5a^2 - 2a + 8, \quad 3a^2 + 4a - 7$$

〔　　　　　〕

得点アップアドバイス

3

確認 **同類項**

文字の部分が同じである項を同類項という。

(1) $4a^2$ と $5a^2$ は同類項だが，$4a^2$ と $-7a$ は同類項ではない。

(4) -1 と 4 のように，数だけの項を定数項という。

減法の $-(\ )$ は，かっこの中の各項の符号を変えてかっこをはずそう。

5

復習 **和と差**

・加法の答えを和という。
・減法の答えを差という。

(1) 2つの式に $(\ )$ をつけて，加える。

テストで注意 $(\ )$ を忘れない

(2) （左の式）−（右の式）の形に書いてから計算する。$(\ )$ をつけるのを忘れないこと。

1 【同類項をまとめる】
次の式の同類項をまとめて簡単にしなさい。

✓よくでる (1) $3x-10y-6x+9y$

〔　　　　　　　　〕

(2) $-2x+5y+1-x-5y-6$

〔　　　　　　　　〕

(3) $3a^2-a-5b-4a^2+3b$

〔　　　　　　　　〕

(4) $\dfrac{1}{2}a-4b-2b+\dfrac{5}{6}a$

〔　　　　　　　　〕

(5) $\dfrac{1}{3}x^2-2x+1+\dfrac{1}{2}x^2-8+\dfrac{1}{3}x$

〔　　　　　　　　〕

2 【式の加法・減法】
次の計算しなさい。

(1) $(-a+b)+(-a-b)$　　　　　(2) $(3x-2y)-(x+5y)$

〔　　　　　　　〕　　　　　　　〔　　　　　　　〕

(3) $(2x^2-x+2)+(-3x^2+3x-1)$　　　(4) $(2a-b)-(5b-3a)$

〔　　　　　　　〕　　　　　　　〔　　　　　　　〕

(5) $\left(\dfrac{1}{3}a-3b\right)+\left(b-\dfrac{3}{4}a\right)$　　　(6) $\left(\dfrac{1}{2}x-4y\right)-\left(\dfrac{1}{4}x-5y-1\right)$

〔　　　　　　　〕　　　　　　　〔　　　　　　　〕

3 【式の加減混合計算】
次の計算をしなさい。

(1) $(3x-2y)-(x+2y)+(-5x-y)$

〔　　　　　　　〕

ミス注意 (2) $\left(\dfrac{2}{5}a+5b\right)+\left(\dfrac{1}{3}a-4b\right)-\left(\dfrac{1}{2}a-7b-3\right)$

〔　　　　　　　〕

4 【2つの式の和と差】
次の問いに答えなさい。

(1) 下の2つの式の和を求めなさい。
$$9ab+2a-7b, \quad 3ab-4a-5b$$

〔　　　　　　　　〕

(2) 下の左の式から右の式をひいた差を求めなさい。
$$8x^2-xy+6y^2, \quad 7x^2-3y^2$$

〔　　　　　　　　〕

5 【2重かっこを含む式】
次の計算をしなさい。

(1) $5x+\{-2x-(x-4y)-2y\}$

〔　　　　　　　　〕

ミス注意 (2) $xy-3y-\{(x-2y)-(xy-3x)\}$

〔　　　　　　　　〕

6 【式のおきかえ】
$A=x^2+xy+y^2$, $B=-3x^2+2xy$, $C=y^2-5xy$ のとき，次の式を計算しなさい。

(1) $A-C$

〔　　　　　　　　〕

✓よくでる (2) $A-B+C$

〔　　　　　　　　〕

(3) $B-(A-C)$

〔　　　　　　　　〕

入試レベル問題に挑戦

7 【式の計算】
次の計算をしなさい。

(1) $-a+5-4b-3a+7b-6$

〔　　　　　　　　〕

(2) $5x-y+8xy-\{7y-(2xy+9x)\}$

〔　　　　　　　　〕

(3) $\dfrac{3}{5}ab^2-3b+\dfrac{1}{2}-(2ab^2-4a^2+1)+\dfrac{5}{7}b$

〔　　　　　　　　〕

💡 **ヒント**
(3) まず，かっこをはずし，同類項をそれぞれまとめる。

2 式の乗法・除法

リンク
ニューコース参考書
中2数学
p.39〜50

攻略のコツ 分配法則をミスなく使えること，累乗部分を先に計算することがポイント。

テストに出る! **重要ポイント**

● **式と数の乗法・除法**　❶ 多項式と数の乗法は，分配法則を使って計算する。

❷ 多項式と数の除法は，わる数の逆数をかけて乗法の形にする。

例　$(9x-6y) \div 3 = (9x-6y) \times \dfrac{1}{3} = 3x-2y$

● **いろいろな計算**　例　$3(a+2b)-2(2a-b) = 3a+6b-4a+2b$ ←かっこをはずして計算

$= -a+8b$

例　$\dfrac{2a-b}{3} + \dfrac{a+3b}{2} = \dfrac{2(2a-b)}{6} + \dfrac{3(a+3b)}{6}$ ←通分

1つの分数にして→　$= \dfrac{4a-2b+3a+9b}{6} = \dfrac{7a+7b}{6}$
かっこをはずす

● **式の値**　例　$a=-4$，$b=3$ のとき，$2(3a-2b)-3(a-b)$ の値を求める。

$2(3a-2b)-3(a-b) = 6a-4b-3a+3b$

$= 3a-b$　←式を簡単にする

$= 3 \times (-4) -3 = -15$　←$a=-4$，$b=3$ を代入

● **単項式の乗法・除法**　❶ 単項式の乗法…係数の積に文字の積をかける。

例　$5x^2 \times (-9y) = 5 \times (-9) \times x^2 \times y = -45x^2 y$

❷ 単項式の除法…分数の形にするか，逆数をかける。

例　$9ab \div \dfrac{3a}{2} = 9ab \times \dfrac{2}{3a} = \dfrac{9ab \times 2}{3a} = 6b$

Step 1　基礎力チェック問題

解答 別冊 p.3

1 【式と数の乗法・除法】
次の計算をしなさい。

☑ (1)　$-7(x-2y)$

〔　　　　　　　〕

☑ (2)　$(x^2-3x+4) \times (-3)$

〔　　　　　　　〕

☑ (3)　$(18a^2-12) \div (-6)$

〔　　　　　　　〕

☑ (4)　$(3a^2-9ab+12b) \div 3$

〔　　　　　　　〕

2 【(数)×(多項式)の加減】
次の計算をしなさい。

☑ (1)　$5a-3(a+2b)$

〔　　　　　　　〕

☑ (2)　$-2(a+3b)+3(2a-b)$

〔　　　　　　　〕

得点アップアドバイス

1

(1)　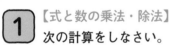

(3)　$\div(-6) \to \times\left(-\dfrac{1}{6}\right)$

2

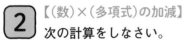

確認 分配法則

$a(x+y) = ax+ay$

a が負の数のときは，かっこの中の各項の符号がすべて変わる。

3 【分数の形の式の加減】
次の計算をしなさい。

☑ (1) $x + \dfrac{x-y}{2}$

☑ (2) $\dfrac{4a+b}{5} - \dfrac{a}{2}$

〔　　　　　　〕　　　　　〔　　　　　　〕

☑ (3) $\dfrac{x-y}{4} + \dfrac{3x-y}{8}$

☑ (4) $\dfrac{2x-3y}{6} - \dfrac{x-2y}{4}$

〔　　　　　　〕　　　　　〔　　　　　　〕

4 【式の値】
次の問いに答えなさい。

☑ (1) $x=1$, $y=-2$ のとき, $(2x+y)-(x+2y-1)$ の値を求めなさい。

〔　　　　　　〕

☑ (2) $a=3$ のとき, $(4a^2+16a)\div4$ の値を求めなさい。

〔　　　　　　〕

☑ (3) $m=-5$, $n=-7$ のとき, $\dfrac{3m-n}{2} - \dfrac{4m-5n}{3}$ の値を求めなさい。

〔　　　　　　〕

5 【単項式の乗法・除法】
次の計算をしなさい。

☑ (1) $2ab \times (-4b)$

〔　　　　　　〕

☑ (2) $(-2x^2y) \times (-4xy)$

〔　　　　　　〕

☑ (3) $9x^3 \div 3x^2$

〔　　　　　　〕

☑ (4) $8a^2b^2 \div (-2a^2b)$

〔　　　　　　〕

☑ (5) $6ab \times (-7a) \div 14b$

〔　　　　　　〕

☑ (6) $9a \times (-2a)^3 \div 4a^2$

〔　　　　　　〕

☑ (7) $(-2a^2b) \div (-ab)^2 \times ab^2$

〔　　　　　　〕

☑ (8) $(6xy)^2 \times 4xy^4 \div (-2xy^2)^2$

〔　　　　　　〕

3

復習 通分

分母・分子に同じ数をかけて, 分母を同じにすること。分母の最小公倍数で通分するとよい。

(2) $\dfrac{4a+b}{5} - \dfrac{a}{2}$

$= \dfrac{(4a+b)\times2}{5\times2} - \dfrac{a\times5}{2\times5}$

$= \dfrac{8a+2b}{10} - \dfrac{5a}{10}$

テストで注意 かっこを忘れるな

通分するとき, 分子の多項式には, 必ずかっこをつけること。

4

テストで注意 直接代入しない

式をできるだけ簡単にしてから代入すること。

負の数を代入するときは, 必ず（　）をつけること。

5

(5) 単項式の乗除混合計算は, かける式を分子, わる式を分母とする分数の形にして計算する。

$6ab \times (-7a) \div 14b$

$= \dfrac{6ab \times (-7a)}{14b}$

確認 累乗の計算

(6) 累乗を含む計算は, 累乗部分を先に計算する。

$9a \times (-2a)^3 \div 4a^2$

$\downarrow$

$= 9a \times (-8a^3) \div 4a^2$

$= \dfrac{9a \times (-8a^3)}{4a^2}$

1 【式と数の乗法・除法】
次の計算をしなさい。

(1) $12\left(\dfrac{a}{4}-\dfrac{b}{6}\right)$

(2) $(18x^2-24x-36)\times\left(-\dfrac{1}{6}\right)$

〔　　　　　　〕　　　〔　　　　　　〕

(3) $\left(\dfrac{1}{2}x+\dfrac{1}{4}y\right)\div(-3)$

(4) $(6a^2-10b^2)\div\left(-\dfrac{2}{3}\right)$

〔　　　　　　〕　　　〔　　　　　　〕

2 【(数)×(多項式)の加減】
次の計算をしなさい。

✔よくでる (1) $5(x^2+3x-4)+2(-3x-5)$

〔　　　　　　〕

(2) $-2(a^2-2b^2)-4(a^2-2ab-3b^2)$

〔　　　　　　〕

(3) $(6x^2y-12xy)\times\dfrac{1}{3}-2(x^2y-5xy)$

〔　　　　　　〕

(4) $3\left(\dfrac{1}{3}a-3b\right)-4\left(b-\dfrac{1}{2}a\right)$

〔　　　　　　〕

(5) $2(x+3y)-\{3x-4(3x-y)+5y\}$

〔　　　　　　〕

3 【何倍かした式の加減】
次の問いに答えなさい。

(1) $2a-b$ の 3 倍に，$a+5b$ の 2 倍を加えたときの和を求めなさい。

〔　　　　　　〕

(2) $-4x^2+3y$ の 4 倍から，$2x^2-y$ の 3 倍をひいたときの差を求めなさい。

〔　　　　　　〕

4 【分数の形の式の加減】
次の計算をしなさい。

✔よくでる (1) $\dfrac{4a-3b}{3}-\dfrac{5a-4b}{4}$

(2) $\dfrac{2x^2-5}{3}+\dfrac{4x^2-x+3}{5}$

〔　　　　　　〕　　　〔　　　　　　〕

(3) $x-y+\dfrac{-x+14y}{7}$

(4) $\dfrac{a-4b}{2}+\dfrac{2a+3b}{3}-\dfrac{5a}{4}$

〔　　　　　　〕　　　〔　　　　　　〕

5 【式の値】
次の問いに答えなさい。

✓よくでる (1) $x=2$, $y=-3$ のとき，$4(3x-2y)-3(6x-5y)$ の値を求めなさい。

〔　　　　　〕

(2) $a=\dfrac{4}{3}$, $b=-4$ のとき，$\dfrac{5a-2b}{4}-\dfrac{a-3b}{2}$ の値を求めなさい。

〔　　　　　〕

6 【単項式の乗法・除法】
次の計算をしなさい。

✓よくでる (1) $(-2x^2y)\times\dfrac{1}{4}xy^2$

(2) $\left(-\dfrac{2}{3}x^2y\right)\times\left(-\dfrac{3}{4}y\right)^2$

〔　　　　　〕　〔　　　　　〕

(3) $\dfrac{1}{2}x^2y^3\div\dfrac{3}{4}xy$

(4) $\left(-\dfrac{2}{3}ab^3\right)\div\left(-\dfrac{3}{2}b\right)^2$

〔　　　　　〕　〔　　　　　〕

7 【単項式の乗除混合計算】
次の計算をしなさい。

(1) $8ab^2\div\left(-\dfrac{4}{3}b\right)\times2a$

〔　　　　　〕

(2) $(-2a^2b)^2\times(-ab^2)\div\left(\dfrac{2}{3}ab^2\right)^2$

〔　　　　　〕

(3) $-x^4\times(-2xy^2)^2\div\left(-\dfrac{1}{2}x^2y\right)^3$

〔　　　　　〕

入試レベル問題に挑戦

8 【いろいろな計算】
次の計算をしなさい。

(1) $4\left(a-\dfrac{3}{16}b\right)-3\left(\dfrac{5}{4}a-\dfrac{7}{12}b\right)$

〔　　　　　〕

(2) $\dfrac{3x-4y}{5}-\dfrac{2x-y}{10}-x+y$

〔　　　　　〕

(3) $\left(\dfrac{2}{5}ab^2\right)^2\times(-4ac^3)\div\left(-\dfrac{3}{10}ab\right)^2\div\left(-\dfrac{2}{3}bc\right)^3$

〔　　　　　〕

💡 ヒント
(3) 累乗部分を先に計算し，分数の形にして計算する。

リンク
ニューコース参考書
中2数学
p.51～58

3 文字式の利用

攻略のコツ 求めたい値を文字に置きかえて，数量の関係を式で表す。

テストに出る！ 重要ポイント

● 文字を使った説明

❶ 倍数…n を整数とすると，ある整数 a の倍数は an

❷ 偶数と奇数…m, n を整数とすると，偶数 ➡ $2m$，奇数 ➡ $2n+1$

❸ 2けたの自然数…十の位の数を x，一の位を y として，$10x+y$

❹ 5でわった余りが3である自然数 ➡ n を整数として，$5n+3$

● 等式の変形

例 $ax+b=y$ を，x について解く。$(a \neq 0)$

$ax+b=y \rightarrow ax=y-b$　　←b を右辺に移項

$$x=\frac{y-b}{a}$$　　←両辺を a でわる

● 文字式の図形への利用

❶ 円周の長さと円の面積…半径 r の円の円周を ℓ，面積を S とすると，$\ell=2\pi r$，$S=\pi r^2$

❷ おうぎ形の弧の長さと面積…半径 r，中心角 $a°$ のおうぎ形の弧の長さを ℓ，面積を S とすると，$\ell=2\pi r \times \dfrac{a}{360}$，$S=\pi r^2 \times \dfrac{a}{360}$

❸ 角柱・円柱の体積…底面積を S，高さを h，体積を V とすると，$V=Sh$

Step 1 基礎力チェック問題

解答 別冊 p.6

1 【文字を使って表す】

次の問いに答えなさい。

(1) 連続する2つの奇数の和は，4の倍数になることを説明します。

☑ ① 連続する2つの奇数のうち，小さいほうを $2n-1$（n は整数）とすると，大きいほうの奇数はどのように表せますか。

〔　　　　　　　〕

☑ ② ①で表した2つの奇数の和を求めなさい。

〔　　　　　　　〕

☑ ③ 連続する2つの奇数の和は，4の倍数になることを説明しなさい。

[

☑ (2) 3けたの整数 $100a+10b+c$（a, b, c は9までの自然数）の各位の数の順を逆にした整数を，a, b, c を使って表しなさい。

〔　　　　　　　〕

得点アップアドバイス

1

🔄 **復習 偶数と奇数**

(1) 2, 4, 6, …のように2でわりきれる数が**偶数**，3, 5, 7, …のように2でわりきれない数が**奇数**。奇数は $2n-1$，$2n+1$（n は整数）のように表せる。

2 【文字を使った説明】
次の問いに答えなさい。

☑ (1) 7の倍数どうしの和は，7の倍数になるわけを説明しなさい。

☑ (2) $(1, 2, 3, 4)$ や $(7, 8, 9, 10)$ のように連続する4つの整数の和は，偶数になります。そのわけを説明しなさい。

3 【等式の変形】
次の等式を〔　〕の中の文字について解きなさい。

☑ (1) $x-3y=1$ 〔x〕

☑ (2) $6x-2y=a$ 〔y〕

〔　　　　〕

〔　　　　〕

☑ (3) $\ell=4a+2\pi r$ 〔a〕

☑ (4) $S=\dfrac{1}{2}ah$ 〔h〕

〔　　　　〕

〔　　　　〕

☑ (5) $b=\dfrac{2a-1}{3}$ 〔a〕

〔　　　　〕

4 【文字式の図形への利用】
次の問いに答えなさい。

☑ (1) 半径が $2r$ cm の円の面積は，半径が r cm の円の面積の何倍ですか。

〔　　　　〕

☑ (2) 1辺の長さが a cm の立方体Aと，1辺の長さが $3a$ cm の立方体Bがあります。このときBの体積は，Aの体積の何倍ですか。

〔　　　　〕

☑ (3) 半径が r cm，中心角が $a°$ のおうぎ形Aと，半径が $2r$ cm，中心角が $2a°$ のおうぎ形Bがあります。Bの弧の長さは，Aの弧の長さの4倍であることを説明しなさい。

2

(1) 2つの7の倍数を $7m$, $7n$（m, n は整数）とおいて，その和が $7\times$（整数）の形になることを説明する。

確認 連続する 4つの整数

(2) いちばん小さい整数を n とすると，n, $n+1$, $n+2$, $n+3$ のように表せる。

3

復習 等式の性質

$A=B$ ならば，
1　$A+C=B+C$
2　$A-C=B-C$
3　$A\times C=B\times C$
4　$A\div C=B\div C(C\neq0)$

(5) 両辺に3をかけて，
　　$2a-1=3b$
両辺に1を加えて
　　$2a=3b+1$
この両辺を2でわる。

4

(1) 半径が r cm の円の面積は，πr^2 cm^2
一方，半径が $2r$ cm の円の面積は，
$\pi\times(2r)^2$（cm^2）

テストで注意 ( ) を忘れない

(2) 立方体Bの体積を求めるとき，
$(3a)^3=3a\times3a\times3a$ のように，( ) をつけて計算すること。

確認 おうぎ形の 弧の長さ

(3) 半径が r，中心角が $a°$ のおうぎ形の弧の長さ ℓ は，

$\ell=2\pi r\times\dfrac{a}{360}$

Step 2　実力完成問題

1 【3けたの自然数についての説明】
次の問いに答えなさい。

✓よくでる (1)　一の位が0でない3けたの自然数から，その各位の数の順を逆にした自然数をひくと，差が99の倍数になります。そのわけを説明しなさい。

(2)　ある3けたの自然数の下2けたの整数が4の倍数ならば，その3けたの自然数は4の倍数であることを説明しなさい。

2 【余りのある数と連続する数の和】
次の問いに答えなさい。

(1)　連続する2つの自然数があります。小さいほうを9でわった余りが4であるとき，2つの数の和は9の倍数になります。そのわけを説明しなさい。

(2)　連続する3つの自然数があります。いちばん小さい数を9でわった余りが2であるとき，3つの数の和は9の倍数になります。そのわけを説明しなさい。

3 【等式の変形】
次の等式を〔 〕の中の文字について解きなさい。

(1)　$5ax - 2by = 4y$　〔a〕

〔　　　　　　　〕

(2)　$x + \dfrac{y}{3} = 1$　〔y〕

〔　　　　　　　〕

✓よくでる (3)　$S = \dfrac{2(a+b)}{5}$　〔b〕

〔　　　　　　　〕

4 【複雑な等式の変形】
次の等式を〔 〕の中の文字について解きなさい。

(1) $\dfrac{a+2b+c}{2}=\dfrac{a+2c}{3}$ 〔c〕

〔   〕

(2) $x+2y-\dfrac{4x-y}{5}=1$ 〔y〕

〔   〕

ミス注意 (3) $S=\dfrac{1}{2}(ab-cd)$ 〔c〕

〔   〕

5 【文字式の図形への利用】
右の図のように母線の長さが r cm の円錐があります。この円錐について答えなさい。ただし，円周率は π とします。

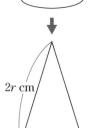
r cm

2r cm

(1) この円錐の展開図で，側面となるおうぎ形の中心角を $a°$，底面の円周の長さを ℓ cm とするとき，a を r と ℓ を使って表しなさい。

〔   〕

(2) この円錐の底面の半径を変えずに，母線の長さを $2r$ cm にすると，側面となるおうぎ形の中心角は何倍になりますか。

〔   〕

入試レベル問題に挑戦

思考
6 【文字式の図形への利用】
右の図のように，マッチ棒を並べて正方形を左から順に作っていきます。このとき，次の問いに答えなさい。

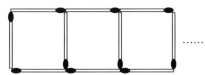

(1) 正方形を5個作るには，マッチ棒は何本必要ですか。

〔   〕

(2) 正方形を n 個作るには，マッチ棒は何本必要ですか。

〔   〕

💡 ヒント
(2) 左端(ひだりはし)の1本のマッチ棒を別にすると，マッチ棒を3本増やすごとに正方形は1個ずつできる。

定期テスト予想問題 ①

1 次の計算をしなさい。 【3点×6】

(1) $5m-2n-4m+3$

(2) $7x-2y+3x+y-4$

(3) $(2x-y)+(3x+2y)$

(4) $(3a-b)+(2b-5a)$

(5) $6a+b-(a-2b)$

(6) $(4x^2+1)-(2-x+3x^2)$

(1)		(2)		(3)	
(4)		(5)		(6)	

2 次の計算をしなさい。 【3点×6】

(1) $-4(3x-y)$

(2) $(12a^2-20b^2)\times\dfrac{3}{4}$

(3) $(6x^2y-15xy)\div3$

(4) $(x^2-2x-6)\div\left(-\dfrac{2}{3}\right)$

(5) $2(5x-3y)+3(y-2x)$

(6) $3(4x-5y)-2(x-2y+3)$

(1)		(2)		(3)	
(4)		(5)		(6)	

3 次の計算をしなさい。 【4点×5】

(1) $\dfrac{4a+b}{5}+\dfrac{b}{2}$

(2) $2x+\dfrac{3x-2y}{3}$

(3) $\dfrac{x-y}{4}-\dfrac{3y-x}{8}$

(4) $\dfrac{1}{2}(a-2b)-\dfrac{2}{3}(2a-b)$

(5) $-6(2xy+y)+(14xy-21y)\div(-7)$

(1)		(2)		(3)	
(4)		(5)			

4 次の計算をしなさい。 【3点×6】

(1) $(-4xy) \times (-2x)$

(2) $(-24a^2b) \div 8ab$

(3) $6ab \times 2a \div (-3b)$

(4) $6a^2b \div 2ab \times 4b^2$

(5) $(-2a)^2 \times 6a \div 3a^2$

(6) $\left(-\dfrac{4}{7}xy^2\right)^2 \div \dfrac{8}{7}xy^2$

(1)		(2)		(3)	
(4)		(5)		(6)	

5 次の問いに答えなさい。 【4点×2】

(1) $a=4$, $b=-2$ のとき, $3a-7b-(a-4b)$ の値を求めなさい。

(2) $x=-2$, $y=\dfrac{1}{3}$ のとき, $9x^2y \div 6xy^2 \times (-2y^2)$ の値を求めなさい。

(1)		(2)	

6 次の等式を, 〔 〕内の文字について解きなさい。 【4点×3】

(1) $6x+4y=a$ 〔y〕

(2) $\ell = 2\pi(r+a)$ 〔r〕

(3) $S=\dfrac{1}{2}(a+b)h$ 〔b〕

(1)		(2)		(3)	

7 次のことを説明しなさい。 【6点】

6の倍数より1大きい数と, 9の倍数より2大きい数の和は, 3の倍数である。

定期テスト予想問題 ②

 時間 50分
解答 別冊p.8

1 下の2つの式について，あとの問いに答えなさい。 【4点×2】

$$-m-6n+4, \quad -9m+7n-1$$

(1) 2つの式の和を求めなさい。

(2) 左の式から右の式をひいた差を求めなさい。

(1)		(2)	

2 次の計算をしなさい。 【4点×6】

(1) $(12x-3y) \times \dfrac{5}{3}$

(2) $(5a^2-15a+10) \div \left(-\dfrac{5}{2}\right)$

(3) $\dfrac{2x+y}{3} + \dfrac{x-3y}{4}$

(4) $\dfrac{3x+y}{2} - \dfrac{4x+2y}{3}$

(5) $4a^3 \div 2a^2 \times (-5a^2)$

(6) $6a^2b \div 3ab \times (-2b)^2$

(1)		(2)		(3)	
(4)		(5)		(6)	

3 $A=x+6, \; B=2x-1$ のとき，次の計算をしなさい。 【5点×4】

(1) $A+B$

(2) $A-B$

(3) $2B-A$

(4) $\dfrac{3A-B}{4} - \dfrac{A-2B}{3}$

(1)		(2)	
(3)		(4)	

4 次の問いに答えなさい。　　　　　　　　　　　　　　　　　　　　　　　　【5点×4】

(1)　$x=-3$，$y=5$ のとき，$2(x-2y)-5(y-2x)$ の値を求めなさい。

(2)　$x=\dfrac{1}{2}$，$y=\dfrac{1}{3}$ のとき，$(-18x+3y-1)\div(-3)$ の値を求めなさい。

(3)　$m=\dfrac{2a+3b}{5}$ を，b について解きなさい。

(4)　$\dfrac{1}{a}=\dfrac{1}{b}+\dfrac{c}{4}$ を，c について解きなさい。

(1)		(2)	
(3)		(4)	

5 次の問いに答えなさい。　　　　　　　　　　　　　　　　　　　　　　　　【7点×2】

(1)　4 の倍数と 6 の倍数の和は，偶数になります。そのわけを説明しなさい。

(2)　おうぎ形の中心角を変えずに，半径を 2 倍にすると，面積は何倍になりますか。

(1)	
(2)	

思考

6 右の図を見て，次の問いに答えなさい。ただし，円周率は π とします。　　【7点×2】

(1)　右の図で，A の部分の面積を，a を使った式で表しなさい。

(2)　図の 2 つの部分 A，B の面積が等しいことを説明しなさい。

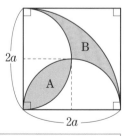

(1)	
(2)	

1 連立方程式の解き方

リンク
ニューコース参考書
中2数学
p.68～76

攻略のコツ 加減法では，一方の文字の係数の絶対値をそろえてから加減する。

テストに出る! 重要ポイント

◉**方程式とその解**

❶ 2元1次方程式…2つの文字を含む1次方程式。

❷ 連立方程式…2つ以上の方程式を組み合わせたもの。それらのどの方程式も成り立たせる文字の値の組を，連立方程式の解といい，解を求めることを，連立方程式を解くという。

◉**連立方程式の解き方**

❶ **加減法**…左辺どうし，右辺どうしをたしたりひいたりして，1つの文字を消去して解く方法。

例 $\begin{cases} x+2y=4 & \cdots① \\ 3x-y=5 & \cdots② \end{cases}$ ➡ $\begin{array}{l} ① \\ ②×2 \end{array}$

yを消去

$\begin{array}{r} x+2y=4 \\ +)\ 6x-2y=10 \\ \hline 7x\quad\ =14 \end{array}$

よって，$x=2$　これを②に代入して，$3×2-y=5$，$y=1$

❷ **代入法**…一方の式を他方の式に代入して，1つの文字を消去して解く方法。

例 $\begin{cases} 2x-y=5 & \cdots① \\ y=x-1 & \cdots② \end{cases}$ ➡ （　）をつけて代入

②を①に代入すると，$2x-(x-1)=5$
これを解くと，$x=4$

$x=4$を②に代入して，$y=4-1=3$

Step 1 基礎力チェック問題

解答 別冊 p.9

1 【2元1次方程式の解】

2元1次方程式 $3x-y=16$ について，次の問いに答えなさい。

☑(1) $x=2$ のとき，y の値を求めなさい。

〔　　　　　〕

☑(2) $y=-1$ のとき，x の値を求めなさい。

〔　　　　　〕

☑(3) $x=3$，$y=-7$ は，この2元1次方程式の解といえますか。

〔　　　　　〕

☑(4) x と y が10までの自然数のとき，方程式の解をすべて求めなさい。

〔　　　　　〕

2 【連立方程式の解】

次の㋐～㋒の連立方程式のうち，解が $x=3$，$y=2$ であるものはどれですか。記号で答えなさい。

㋐ $\begin{cases} 2x+y=8 \\ x-y=5 \end{cases}$　　㋑ $\begin{cases} 3x-2y=5 \\ x+4y=11 \end{cases}$　　㋒ $\begin{cases} y-x=1 \\ 2x-3y=0 \end{cases}$

〔　　　　　〕

得点アップアドバイス

1

(1)(2) わかっている文字の値を式に代入して，もう一方の文字の値を求める。

(3) 代入して，**(左辺)＝(右辺)** となれば解。

(4) x か y に，自然数1，2，3，……，10 を順に代入して，もう一方の値が10までの自然数になるものをさがす。

2

テストで注意 **一方だけではダメ!**

㋐に解を代入すると，上の式は成り立つが，下の式は成り立たない。このようなときは，解ではない。

3 【加減法】
次の連立方程式を，加減法で解きなさい。

☑(1) $\begin{cases} x+y=8 \\ 2x-y=7 \end{cases}$
　　　　　　　　　　☑(2) $\begin{cases} 3x-2y=-7 \\ -x-2y=-3 \end{cases}$

〔　　　　　　　〕　　　　　　　〔　　　　　　　〕

☑(3) $\begin{cases} -x+4y=8 \\ x-3y=-5 \end{cases}$
　　　　　　　　　　☑(4) $\begin{cases} 4x-y=7 \\ 4x+3y=-5 \end{cases}$

〔　　　　　　　〕　　　　　　　〔　　　　　　　〕

☑(5) $\begin{cases} 3x+y=7 \\ x-2y=7 \end{cases}$
　　　　　　　　　　☑(6) $\begin{cases} x-3y=-3 \\ 3x-4y=1 \end{cases}$

〔　　　　　　　〕　　　　　　　〔　　　　　　　〕

4 【代入法】
次の連立方程式を，代入法で解きなさい。

☑(1) $\begin{cases} y=x-3 \\ 3x-y=5 \end{cases}$
　　　　　　　　　　☑(2) $\begin{cases} y=2x-5 \\ 5x-3y=14 \end{cases}$

〔　　　　　　　〕　　　　　　　〔　　　　　　　〕

☑(3) $\begin{cases} x=y+1 \\ 2x-3y=-3 \end{cases}$
　　　　　　　　　　☑(4) $\begin{cases} x=-2y+3 \\ -x+5y=4 \end{cases}$

〔　　　　　　　〕　　　　　　　〔　　　　　　　〕

☑(5) $\begin{cases} 2x-5y=8 \\ x+2y=-5 \end{cases}$
　　　　　　　　　　☑(6) $\begin{cases} -3x+2y=1 \\ x-y=3 \end{cases}$

〔　　　　　　　〕　　　　　　　〔　　　　　　　〕

5 【加減法・代入法】
次の連立方程式を，加減法か代入法で解きなさい。

☑(1) $\begin{cases} 2x+5y=9 \\ x-2y=0 \end{cases}$
　　　　　　　　　　☑(2) $\begin{cases} 2x-3y=-37 \\ 3x-y=-17 \end{cases}$

〔　　　　　　　〕　　　　　　　〔　　　　　　　〕

 得点アップアドバイス

3

確認 **文字の消去**

　x, yについての連立方程式から，文字yを含まない1つの方程式をつくることを，yを消去するという。
(1) そのまましてyを消去する。
(2) 上の式から下の式をひいて，yを消去する。
(3)(4) たしたりひいたりして，xを消去する。
(5)(6) 一方の式を何倍かして，一方の文字の係数の絶対値をそろえてから解く。

4

テストで注意 **必ず（ ）をつけて代入すること！**

　たとえば，(1)で下の式に$y=x-3$を代入するときは，
　$3x-(x-3)=5$
のように，（ ）をつけて代入する。
(5) 下の式を，
　$x=-2y-5$
と変形して代入する。
(6) 下の式を，
　$x=y+3$
と変形して代入する。

5

確認 **どちらの解き方でもOK！**

　加減法と代入法のどちらが解きやすいかは，人によって感覚が異なる。より簡単だと思うほうを使って解けばよい。

2章／連立方程式

1 連立方程式の解き方

1 【2元1次方程式の解】

2元1次方程式 $3x+y=11$ について，次の問いに答えなさい。

(1) $x=5$, $y=-4$ は，この方程式の解といえますか。

〔　　　　　　　〕

ミス注意 (2) x, y がともに自然数であるとき，この方程式の解をすべて求めなさい。

〔　　　　　　　〕

2 【加減法】

次の連立方程式を，加減法で解きなさい。

✔よくでる (1) $\begin{cases} x+y=3 \\ 3x-2y=4 \end{cases}$　　　　　(2) $\begin{cases} 2x-3y=1 \\ 3x-4y=3 \end{cases}$

〔　　　　　　　〕　　　　　〔　　　　　　　〕

(3) $\begin{cases} 2x+3y=-4 \\ 5x-2y=9 \end{cases}$　　　　　(4) $\begin{cases} 3x+2y=5 \\ 3y-x=2 \end{cases}$

〔　　　　　　　〕　　　　　〔　　　　　　　〕

(5) $\begin{cases} -3m-4n=11 \\ 5m+2n=-9 \end{cases}$　　　　　(6) $\begin{cases} 3m-5n=-6 \\ 4m+3n=-8 \end{cases}$

〔　　　　　　　〕　　　　　〔　　　　　　　〕

3 【代入法】

次の連立方程式を，代入法で解きなさい。

✔よくでる (1) $\begin{cases} x-3y=0 \\ 2x-3y=9 \end{cases}$　　　　　(2) $\begin{cases} 3x-2y=5 \\ 4x-y=0 \end{cases}$

〔　　　　　　　〕　　　　　〔　　　　　　　〕

(3) $\begin{cases} -2x+y=4 \\ 2x-5y=12 \end{cases}$　　　　　(4) $\begin{cases} 3y-x=6 \\ -2x+5y=7 \end{cases}$

〔　　　　　　　〕　　　　　〔　　　　　　　〕

4 【連立方程式】

次の連立方程式を解きなさい。

(1) $\begin{cases} 3x+2y=17 \\ x-2y=-5 \end{cases}$

(2) $\begin{cases} y=3x-20 \\ 5x-2y=31 \end{cases}$

〔　　　　　〕　　　　　〔　　　　　〕

(3) $\begin{cases} x-2y=4 \\ 4x+3y=5 \end{cases}$

(4) $\begin{cases} 2x+9y=35 \\ 5x-3y=11 \end{cases}$

〔　　　　　〕　　　　　〔　　　　　〕

(5) $\begin{cases} x=8y-6 \\ 3x+16y=-8 \end{cases}$

(6) $\begin{cases} 7x+5y=-11 \\ 3x-4y=26 \end{cases}$

〔　　　　　〕　　　　　〔　　　　　〕

入試レベル問題に挑戦

5 【連立方程式】

次の連立方程式を解きなさい。

(1) $\begin{cases} x+2y-4=0 \\ 3x-y+9=0 \end{cases}$

(2) $\begin{cases} 5x+2y-1=0 \\ 3x+y+1=0 \end{cases}$

〔　　　　　〕　　　　　〔　　　　　〕

(3) $\begin{cases} 3x+2y=3y+9 \\ 5x-y=6x-3y-8 \end{cases}$

(4) $\begin{cases} 3x+6=y+2 \\ 7x=5x-y-1 \end{cases}$

〔　　　　　〕　　　　　〔　　　　　〕

(5) $\begin{cases} 3x-1=-2y \\ 5x+6y=4y+7 \end{cases}$

(6) $\begin{cases} x-4y=-x-y+13 \\ 5x+2y-4=0 \end{cases}$

〔　　　　　〕　　　　　〔　　　　　〕

ヒント

連立方程式の出題では，ふつう，加減法や代入法の指定はされない。したがって，どちらでも解きやすいほうを使えばよい。$y=\sim$か$x=\sim$の形に簡単になおせて，それが代入しやすい形であれば代入法を，それ以外は加減法を使うとよい。

2 いろいろな連立方程式

リンク
ニューコース参考書
中2数学
p.77 ~ 85

攻略のコツ どんな方程式でも，まず係数を整数になおして，$ax+by=c$ の形に整理。

テストに出る！ 重要ポイント

● いろいろな
　連立方程式

❶ かっこのある連立方程式…かっこをはずし，整理してから解く。

例 $\begin{cases} 3x+2y=3(y+3) \\ 5x-2(3x-y)=-8 \end{cases}$ $\xrightarrow{\text{（　）をはずして整理}}$ $\begin{cases} 3x-y=9 \\ -x+2y=-8 \end{cases}$

❷ 係数に分数を含む連立方程式…分母をはらってから解く。

例 $\begin{cases} \dfrac{1}{2}x+\dfrac{1}{3}y=-\dfrac{1}{6} \\ \dfrac{x-y}{4}=2 \end{cases}$ $\begin{array}{c}\xrightarrow{\text{両辺に6をかける}}\\\xrightarrow{\text{両辺に4をかける}}\end{array}$ $\begin{cases} 3x+2y=-1 \\ x-y=8 \end{cases}$

❸ 係数に小数を含む連立方程式…係数を整数にしてから解く。

例 $\begin{cases} 0.5x-0.4y=3 \\ 0.02x-0.01y=0.09 \end{cases}$ $\begin{array}{c}\xrightarrow{\text{両辺を10倍}}\\\xrightarrow{\text{両辺を100倍}}\end{array}$ $\begin{cases} 5x-4y=30 \\ 2x-y=9 \end{cases}$

● 連立方程式の
　解と係数

例 連立方程式 $\begin{cases} ax-y=b \\ x+ay=b \end{cases}$ の解が $x=-1$，$y=2$ のとき，a，b の

値を求める。➡ x，y の解を代入して，**a，b** の連立方程式を解く。

● 連立方程式に $x=-1$，$y=2$ を代入すると，$\begin{cases} -a-2=b \\ -1+2a=b \end{cases}$

これを，a，b についての連立方程式として解けばよい。

Step 1 基礎力チェック問題

解答 ▶ 別冊 p.11

1 【かっこのある連立方程式】

次の連立方程式を解きなさい。

☑ (1) $\begin{cases} 2x+3y=-4 \\ 4x-3(y-1)=13 \end{cases}$　　　☑ (2) $\begin{cases} x+3y=9 \\ 3(x-y)+4y=11 \end{cases}$

〔　　　　　　　〕　　　　　　〔　　　　　　　〕

☑ (3) $\begin{cases} 3x-4(x+y)=-8 \\ 5(x-y)+7y=-14 \end{cases}$　　☑ (4) $\begin{cases} 2(x+1)-(y-1)=8 \\ 3(x+1)+2(y-1)=5 \end{cases}$

〔　　　　　　　〕　　　　　　〔　　　　　　　〕

得点アップアドバイス

1

確認 **分配法則**

かっこをはずすときは，次の分配法則を使う。
$a(b+c)=ab+ac$
$a(b-c)=ab-ac$

テストで
注意 **符号に注意**

マイナスのついたかっこをはずすときには，符号の変化に注意すること。

2 【係数に分数を含む連立方程式】
次の連立方程式を解きなさい。

☑ (1) $\begin{cases} x-y=2 \\ \dfrac{x}{3}-\dfrac{y}{2}=\dfrac{1}{2} \end{cases}$

☑ (2) $\begin{cases} \dfrac{1}{2}x-3y=\dfrac{5}{2} \\ x+3y=-4 \end{cases}$

〔　　　　　　　〕　　　　　　　〔　　　　　　　〕

☑ (3) $\begin{cases} \dfrac{x+y}{2}=4 \\ y=2x-7 \end{cases}$

☑ (4) $\begin{cases} \dfrac{x}{2}+\dfrac{y}{3}=2 \\ x-\dfrac{1}{3}y=1 \end{cases}$

〔　　　　　　　〕　　　　　　　〔　　　　　　　〕

☑ (5) $\begin{cases} \dfrac{x}{6}+\dfrac{y}{2}=\dfrac{7}{2} \\ \dfrac{x}{2}-\dfrac{2}{3}y=-\dfrac{5}{2} \end{cases}$

☑ (6) $\begin{cases} \dfrac{1}{4}x+\dfrac{1}{5}y=\dfrac{3}{20} \\ \dfrac{5x-3y}{15}=\dfrac{8}{5} \end{cases}$

〔　　　　　　　〕　　　　　　　〔　　　　　　　〕

3 【係数に小数を含む連立方程式】
次の連立方程式を解きなさい。

☑ (1) $\begin{cases} 0.3x+0.2y=1.8 \\ y=2x-5 \end{cases}$

☑ (2) $\begin{cases} -0.2x+0.6y=1 \\ -0.5x+1.8y=4 \end{cases}$

〔　　　　　　　〕　　　　　　　〔　　　　　　　〕

☑ (3) $\begin{cases} 0.2x+0.1y=-0.7 \\ 0.01x-0.02y=0.04 \end{cases}$

☑ (4) $\begin{cases} 0.3x-0.2y=1.4 \\ 2.5x+y=9 \end{cases}$

〔　　　　　　　〕　　　　　　　〔　　　　　　　〕

☑ 4 【連立方程式の解と係数】

連立方程式 $\begin{cases} ax+by=4 \\ ax-by=8 \end{cases}$ の解が $x=2$, $y=-1$ であるとき, a, b の値を求めなさい。

〔　　　　　　　〕

得点アップアドバイス

2

(1) 等式の性質を使って, 下の式の両辺に6をかけると,

$\left(\dfrac{x}{3}-\dfrac{y}{2}\right)\times 6=\dfrac{1}{2}\times 6$

$\rightarrow 2x-3y=3$

と, 係数を整数にできる。

テストで 注意 定数項にもかける

(4)で, 上の式に6をかけて分母をはらうとき, $3x+2y=2$ とするミスが多い。分母をはらうときは, すべての項に6をかけること。

3

(1) 上の式の両辺を10倍して, $3x+2y=18$ と, 係数を整数にしてから計算する。

(4) 下の式は10倍するよりも, 両辺を2倍して,

$5x+2y=18$

とすると, 計算が簡単。

4

解の $x=2$, $y=-1$ を連立方程式に代入して, a と b についての連立方程式をつくって解く。

確認 答えの確かめ

求めた a, b の値をもとの方程式に代入して, その解が $x=2$, $y=-1$ であることを確かめる。

実力完成問題

解答 別冊 p.12

1 【いろいろな連立方程式】
次の連立方程式を解きなさい。

✓よくでる (1) $\begin{cases} 4(x-y)-3x=-9 \\ -2x+5(x+y)=41 \end{cases}$

(2) $\begin{cases} 3(x+2)-(y+2)=0 \\ 0.2x+0.1y=-0.1 \end{cases}$

〔　　　　　〕　　　　　〔　　　　　〕

(3) $\begin{cases} 0.15x+0.1y=0.55 \\ 0.5x+0.3y=1.7 \end{cases}$

(4) $\begin{cases} 0.3x-y=1.5 \\ 0.04x+0.15y=0.2 \end{cases}$

〔　　　　　〕　　　　　〔　　　　　〕

(5) $\begin{cases} 0.8x-0.3y=0.9 \\ \dfrac{1}{6}x-\dfrac{1}{2}y=2 \end{cases}$

(6) $\begin{cases} 0.3x-0.2y=-0.1 \\ \dfrac{4x+1}{5}-\dfrac{y-3}{10}=x-2 \end{cases}$

〔　　　　　〕　　　　　〔　　　　　〕

ミス注意 (7) $\begin{cases} \dfrac{2}{3}x-\dfrac{1}{6}(3-y)=\dfrac{3}{2} \\ -\dfrac{5}{2}(x+1)+y=-\dfrac{7}{2} \end{cases}$

(8) $\begin{cases} \dfrac{2x+y}{3}-\dfrac{x+3y}{4}=1 \\ \dfrac{3x-y}{2}-\dfrac{4x+2y}{3}=1 \end{cases}$

〔　　　　　〕　　　　　〔　　　　　〕

2 【$A=B=C$ の形の連立方程式】
次の連立方程式を解きなさい。

(1) $2x+y-6=x-2y-3=0$

〔　　　　　〕

(2) $x+3y=2(x+y)-1=13$

〔　　　　　〕

3 【連立方程式の解と係数】
次の問いに答えなさい。

✓よくでる (1) 連立方程式 $\begin{cases} ax+by=8 \\ bx-ay=-9 \end{cases}$ の解が $x=-1$，$y=2$ であるとき，a，b の値を求めなさい。

〔　　　　　　　〕

(2) 連立方程式 $\begin{cases} ax-y=10 \\ y=2x-a \end{cases}$ の解が $x=1$，$y=b$ であるとき，a，b の値を求めなさい。

〔　　　　　　　〕

(3) 次の2組の連立方程式が同じ解をもつとき，a，b の値を求めなさい。
$\begin{cases} ax-by=1 \\ x+2y=3 \end{cases}$　　　　$\begin{cases} bx+ay=5 \\ x+3y=4 \end{cases}$

〔　　　　　　　〕

入試レベル問題に挑戦

4 【いろいろな連立方程式】
次の連立方程式を解きなさい。

(1) $\begin{cases} 100x=300y-1000 \\ \dfrac{x}{3}+\dfrac{y}{4}=\dfrac{5}{12} \end{cases}$

(2) $\begin{cases} 0.2x-0.5(x+y)=-0.7 \\ \dfrac{2x+3y}{4}-\dfrac{y}{6}=\dfrac{17}{12} \end{cases}$

〔　　　　　　　〕　　　　　　　　〔　　　　　　　〕

(3) $\begin{cases} 0.03(x+y)+0.05(x-2y)=-0.12 \\ \dfrac{x+y-5}{3}+\dfrac{2x-y+1}{6}=\dfrac{1}{2} \end{cases}$

(4) $\begin{cases} (3x+2):(y+3)=4:5 \\ 3x+4y=34 \end{cases}$

〔　　　　　　　〕　　　　　　　　〔　　　　　　　〕

(5) $4x-7y=2x+5y-1=x+4$

(6) $\dfrac{x+y}{3}=\dfrac{5x+1}{6}=\dfrac{y}{2}$

〔　　　　　　　〕　　　　　　　　〔　　　　　　　〕

💡 ヒント
(4) 比の性質「$a:b=c:d$ ならば $ad=bc$」を使って，式を整理してから解く。
(5)(6) $A=B=C$ の形の連立方程式は，計算がやさしくなる2つの式の組み合わせ（$A=C$，$B=C$ など）を探す。

2章／連立方程式

2　いろいろな連立方程式

リンク
ニューコース参考書
中2数学
p.86〜95

3 連立方程式の利用

攻略のコツ わかっていない2つの数量を x, y として, 2つの方程式を立式する。

テストに出る! 重要ポイント

●文章題の解き方

❶ 問題を**分析**する…等しい数量の関係を見つける。

❷ 文字を**決定**する…数量を, 2つの文字 x, y で表す。

❸ **連立方程式をつくる**…等しい数量関係を2つの方程式で表す。

❹ **連立方程式を解く**…加減法または代入法を使って解く。

❺ **解を検討する**…解が問題にあうかどうかを調べる。

●立式によく使われる関係

❶ **数の関係**…たとえば2けたの自然数は, 十の位の数を x, 一の位の数を y とすると, $10x+y$ と表せる。

❷ **個数と代金** ➡ 代金=1個の値段 × 個数

❸ **速さの関係** ➡ 速さ=道のり÷時間, 道のり=速さ×時間, 時間=道のり÷速さ

❹ **値引き** ➡ 代金=定価×(1−値引率)

> 例 500円の品物を a%引きで買った代金は, $500×\left(1-\dfrac{a}{100}\right)$ (円)

❺ **食塩水** ➡ 食塩の重さ=食塩水の重さ×濃度

> 例 a%の食塩水150gに含まれる食塩の重さは, $150×\dfrac{a}{100}$ (g)

Step 1 基礎力チェック問題

解答 別冊p.13

1 【2元1次方程式をつくる】
次の x と y の関係を等式で表しなさい。

☑ (1) 男子生徒 x 人は, 女子生徒 y 人より10人多い。

〔　　　　　　　　〕

☑ (2) 平地の道 x km を時速4kmで歩き, 山道 y km を時速3kmで歩いたら, 全部で1時間30分かかった。

〔　　　　　　　　〕

☑ (3) 2けたの正の整数があり, その十の位の数 x と一の位の数 y を入れかえてできる2けたの数は, もとの整数よりも18大きくなる。

〔　　　　　　　　〕

得点アップアドバイス

1

もし立式にまよったら, 文字に具体的な数を入れて考えてみるとよい。

(2) 1時間30分を時間で表すと $1\dfrac{1}{2}=\dfrac{3}{2}$(時間)。

速さの関係から,

時間=道のり÷速さで,

平地を歩いた時間は $\dfrac{x}{4}$ と表せる。

2 【2けたの整数の関係】

2けたの自然数があります。その数は，各位の数の和の3倍に等しく，十の位の数と一の位の数を入れかえてできる数は，もとの数の2倍より18大きいそうです。このとき，次の問いに答えなさい。

☑(1) 十の位の数をx，一の位の数をyとして，xとyについての連立方程式をつくりなさい。

$$\left[\right]$$

☑(2) xとyの値を求めなさい。 〔 〕

3 【個数と代金】

1本40円の鉛筆と1本95円のボールペンを合わせて9本買うと，代金は580円になりました。このとき，次の問いに答えなさい。

☑(1) 鉛筆をx本，ボールペンをy本買ったとして，xとyについての連立方程式をつくりなさい。

$$\left[\right]$$

☑(2) xとyの値を求めなさい。 〔 〕

4 【値引きの問題】

セーターを定価の20%引きで，シャツを定価の30%引きで1枚ずつ買ったら，9900円でした。これらを定価で買うと13000円になります。このとき，次の問いに答えなさい。

☑(1) セーターの定価をx円，シャツの定価をy円として，xとyについての連立方程式をつくりなさい。

$$\left[\right]$$

☑(2) xとyの値を求めなさい。 〔 〕

5 【食塩水の問題】

8%の食塩水と5%の食塩水を混ぜたら，6%の食塩水が600g できました。このとき，次の問いに答えなさい。

☑(1) 6%の食塩水600gに含まれる食塩の重さは何gですか。

〔 〕

☑(2) 8%の食塩水の重さをxg，5%の食塩水の重さをyg として，xとyについての連立方程式をつくりなさい。

$$\left[\right]$$

☑(3) xとyの値を求めて，8%の食塩水の重さと5%の食塩水の重さを，それぞれ求めなさい。

〔 〕

2

(1) もとの自然数は
$10x+y$
各位の数を入れかえた自然数は
$10y+x$ と表される。

3

ポイントは「合わせて9本」と「代金は580円」。それぞれxとyを使って，本数と代金についての方程式をつくる。

4

✅確認 「定価の20%と，定価の20%引き」のちがい

「定価の20%」は，定価をa円とすると，
$$a \times \frac{20}{100} \, \text{(円)}$$
「定価の20%引き」は，定価をa円とすると，
$$a \times \left(1 - \frac{20}{100}\right) \, \text{(円)}$$

5

🔄復習 6%の食塩水

「6%の食塩水」の意味は，食塩水全体の重さを1としたとき，含まれる食塩の重さが0.06であることを表す。

したがって，6%の食塩水が600gあるとき，そこに含まれる食塩の重さは，
$$600 \times \frac{6}{100} \, \text{(g)}$$
になる。

1 【整数の問題】
✓よくでる　2けたの正の整数があります。十の位の数は，一の位の数の2倍より1だけ小さく，この整数の十の位の数と一の位の数を入れかえてできる整数は，もとの整数より27だけ小さくなります。このとき，もとの整数を求めなさい。

〔　　　　　　　　〕

2 【仕入れ値と売り上げ高】
ある店で，商品Aを60個，商品Bを100個仕入れ，合計で42000円払（はら）いました。これらの商品に，それぞれ仕入れ値の20%の利益を見込（みこ）んで定価をつけて売ったところ，商品Aが10個，商品Bが20個売れ残りました。そこで，翌日，残った商品を前日の定価より値下げして売ることにし，商品Aは定価より50円安くし，商品Bは定価の半額にしたので全部売り切れ，翌日分の商品Aと商品Bの売り上げの合計は5500円になりました。商品A1個の仕入れ値をx円，商品B1個の仕入れ値をy円として，次の問いに答えなさい。

(1)　商品A，商品Bの定価を，それぞれx，yを用いて表しなさい。

〔　　　　　　　　〕

(2)　翌日分の商品Aと商品Bの売り上げの合計を，x，yを用いて，式を整理した形で表しなさい。

〔　　　　　　　　〕

(3)　商品A1個の仕入れ値と，商品B1個の仕入れ値を，それぞれ求めなさい。

〔　　　　　　　　〕

3 【列車の長さと速さ】
ある列車が一定の速さで走っています。この列車が長さ500 mの鉄橋を渡（わた）り始めてから渡り終わるまでに20秒かかりました。また，この列車が長さ620 mのトンネルにはいり終えてから出始めるまでに15秒かかりました。列車の長さをx m，列車の速さを秒速y mとして，次の問いに答えなさい。

ミス注意 (1)　鉄橋を渡り始めてから渡り終わるまでの関係を，xとyを用いて表しなさい。

〔　　　　　　　　〕

ミス注意 (2)　トンネルにはいり終えてから出始めるまでの関係を，xとyを用いて表しなさい。

〔　　　　　　　　〕

(3)　列車の長さと，列車の速さを，それぞれ求めなさい。

〔　　　　　　　　〕

4 【人数の増加・減少】
✓よくでる

ある学校の昨年度の生徒数は，男女合わせて465人でした。本年度は昨年度に比べて，男子が5%減り，女子が8%増えたので，全体では6人増えました。この学校の昨年度の男子，女子の生徒数をそれぞれ求めなさい。

〔　　　　　　　　　　　　　　　〕

5 【速さと道のり】

A地点から2.7 km離れたB地点まで行きます。途中に峠があり，A地点から峠までは分速50 m，峠からB地点までは分速70 mで歩いて，全体で46分かかりました。A地点から峠まで，峠からB地点までの道のりは，それぞれ何mですか。

〔　　　　　　　　　　　　　　　〕

6 【収入と支出，比】

AさんとBさんの1年間の収入の比は4：3で，支出の比は7：5だそうです。また，1年間に2人とも60万円貯金したそうです。このとき，次の問いに答えなさい。

(1) Aさんの収入をx円，支出をy円として，x，yについての連立方程式をつくりなさい。

〔　　　　　　　　　　　　　　　〕

(2) Aさんの収入をx円，Bさんの収入をy円として，x，yについての連立方程式をつくりなさい。

〔　　　　　　　　　　　　　　　〕

(3) (1)または(2)の連立方程式を解いて，Aさん，Bさんそれぞれの1年間の収入および，支出を求めなさい。

〔　　　　　　　　　　　　　　　〕

入試レベル問題に挑戦

思考

7 【合計と平均】

下の表は，20人のクラスで4点満点の小テストを行った結果をまとめたものです。この小テストの平均値が2.6点のとき，表の中のx，yの値をそれぞれ求めなさい。

点数（点）	0	1	2	3	4	合計
人数（人）	1	x	4	y	5	20

〔　　　　　　　　　　　　　　　〕

> 💡 **ヒント**
>
> 人数についての方程式と，平均値から総得点（点数の合計）についての方程式ができる。
> 平均値×人数の合計＝総得点になる。

定期テスト予想問題 ①

1 次の連立方程式を解きなさい。 【5点×8】

(1) $\begin{cases} 5x - 4y = 14 \\ 2x - 4y = -10 \end{cases}$

(2) $\begin{cases} 3x - y = -6 \\ 2x + 3y = 7 \end{cases}$

(3) $\begin{cases} y = 2x - 5 \\ 5x - 3y = 14 \end{cases}$

(4) $\begin{cases} x - 2y = -1 \\ 3x + 5y = 30 \end{cases}$

(5) $\begin{cases} x + \dfrac{y}{2} = 1 \\ y - 9 = 5x \end{cases}$

(6) $\begin{cases} x - \dfrac{2}{3}y + \dfrac{1}{3} = 0 \\ x - (y - 2) = -2 \end{cases}$

(7) $\begin{cases} 1.2x - 0.3y = 1 \\ 6x - y = -4 \end{cases}$

(8) $\begin{cases} x - (2x - y - 3) = 0 \\ 0.4y = 1.2x - 2 \end{cases}$

(1)		(2)		(3)	
(4)		(5)		(6)	
(7)		(8)			

2 次の問いに答えなさい。 【6点×2】

(1) 連立方程式 $\begin{cases} 3x + 2y = 4 \\ ax + 4y = a + 5 \end{cases}$ の解が $4x - 3y = 11$ を満たすような a の値を求めなさい。

(2) x, y についての2つの連立方程式 $\begin{cases} x + y = 1 \\ ax + by = 5 \end{cases}$ と $\begin{cases} x - by = 3a \\ x + 2y = 2 \end{cases}$ が同じ解をもつとき, a, b の値を求めなさい。

(1)		(2)	

3 十の位の数と一の位の数の和が 9 である 2 けたの自然数があります。この自然数の十の位の数と一の位の数を入れかえると，もとの自然数より 9 小さくなります。

これについて，次の問いに答えなさい。 【8点×2】

(1) 十の位の数を x，一の位の数を y として，連立方程式をつくりなさい。

(2) もとの自然数を求めなさい。

4 A 地点から B 地点を通って C 地点まで行く道のりは 50 km です。あるバスが，A 地点と B 地点の間を時速 40 km の速さで，B 地点と C 地点の間を時速 60 km の速さで走るとすると，このバスが A 地点から B 地点を通って C 地点へ行くのに要する時間は，1 時間 4 分になります。

このとき，次の問いに答えなさい。 【8点×2】

(1) A 地点と B 地点の間の道のりを x km，B 地点と C 地点の間の道のりを y km として，連立方程式をつくりなさい。

(2) A−B 間と B−C 間の道のりを，それぞれ求めなさい。

5 ある家庭の先月の食費は，収入から住居費 5 万円をひいた額の 34％でした。今月は先月に比べて，収入は 10％，住居費は 2％増加し，食費は 1800 円減少しました。その結果，今月の食費は収入から住居費をひいた額の 30％になりました。

このとき，次の問いに答えなさい。 【8点×2】

(1) 先月の収入を x 万円，食費を y 万円として，連立方程式をつくりなさい。

(2) 今月の収入と食費を求めなさい。

定期テスト予想問題 ②

1 次の連立方程式を解きなさい。 【5点×4】

(1) $\begin{cases} 2x+5y=3 \\ 7x-2y=4 \end{cases}$

(2) $\begin{cases} 0.2x-0.3y=0.7 \\ 0.5x+0.7y=0.3 \end{cases}$

(3) $\begin{cases} x-\dfrac{y-2}{3}=0 \\ 3y-4x=1 \end{cases}$

(4) $\begin{cases} 2(x-1)-3y=10 \\ 2y-\dfrac{x-1}{2}=-5 \end{cases}$

(1)		(2)	
(3)		(4)	

2 次の連立方程式を解きなさい。 【10点×2】

(1) $5x-4y-3=2x-y+9=0$

(2) $\dfrac{4x+1}{5}-\dfrac{y-3}{10}=x-2=-2x+2y-3$

(1)		(2)	

3 次の問いに答えなさい。 【10点×2】

(1) 連立方程式 $\begin{cases} ax-4by-2=0 \\ x-3ay+7b=0 \end{cases}$ の解が $x=2$, $y=-1$ のとき，a, b の値を求めなさい。

(2) x, y についての連立方程式 $\begin{cases} x+2y=-5 \\ ax+by=26 \end{cases}$ の解の x と y の値を入れかえると，連立

方程式 $\begin{cases} x+y=-1 \\ ax-by=7 \end{cases}$ の解になるといいます。このとき，a, b の値を求めなさい。

(1)		(2)	

4 2人の兄弟が，それぞれおこづかいを持って買いものに行きました。おこづかいは，合わせて3960円でした。兄が1470円，弟が1155円支払ったところ，兄の残金が弟の残金の2倍になりました。

兄と弟が最初に持っていたおこづかいは，それぞれいくらですか。 【10点】

5 ある町には，A中学校とB中学校があります。A中学校の生徒数は，B中学校の生徒数の3倍より10人少なく，それぞれの中学校の生徒数に対する3年生の生徒数の割合は，A中学校は30%，B中学校は35%です。また，A中学校の3年生とB中学校の3年生の合計人数は147人です。

A中学校とB中学校の生徒数は，それぞれ何人ですか。 【10点】

6 食塩水を，Aさんは100g，Bさんは200gつくりました。2人のつくった食塩水を100gずつ混ぜると濃度は8%になり，Bさんの残りの100gも入れて混ぜると濃度は9%になりました。はじめに2人がつくった食塩水の濃度をそれぞれ求めなさい。 【10点】

思考 **7** 右の表は，野菜Aと野菜Bの100gあたりの鉄分とビタミンCの重さを表しています。この2つの野菜を使ってサラダを作り，鉄分を3mg，ビタミンCを85mgにするには，野菜をそれぞれ何gずつ使えばよいですか。 【10点】

	野菜A	野菜B
鉄分（mg）	0.4	0.5
ビタミンC（mg）	44	6

1 1次関数の式とグラフ

リンク
ニューコース参考書
中2数学
p.104 ～ 127

攻略のコツ 1次関数 $y=ax+b$ のグラフは，傾き a，切片 b の直線を表す。

テストに出る！**重要ポイント**

● 1次関数

$$y=\underset{\substack{\uparrow \\ x \text{ に比例する部分}}}{ax}+\underset{\substack{\uparrow \\ \text{定数の部分}}}{b}\quad (a,\ b \text{ は定数，} a\neq0)$$

● 1次関数の
変化の割合

$$(\text{変化の割合})=\frac{(y \text{ の増加量})}{(x \text{ の増加量})}=a \text{ でつねに一定。}$$

● 1次関数のグラフ

❶ 1次関数 $y=ax+b$ のグラフは，
$y=ax$ のグラフを y 軸の正の
方向に b だけ平行移動した直線。

❷ 1次関数 $y=ax+b$ のグラフは，
傾きが a，切片が b の直線。

・**傾き**…グラフの傾きぐあいで，
a の値。

・**切片**…グラフが y 軸と交わる点の
y 座標で，b の値。

❸ 1次関数 $y=ax+b$ のグラフは，
$a>0$ のときは**右上がり**，
$a<0$ のときは**右下がり**の直線。

$y=ax+b$

切片

傾き

● 1次関数の式の
求め方

❶ 傾きと1点の座標から求める…$y=ax+b$ に傾き a の値を代
入し，さらに通る1点の座標を代入して求める。

❷ 通る2点の座標から求める…$y=ax+b$ に通る2点の座標を
代入して，$a,\ b$ についての連立方程式を解いて求める。

Step 1 基礎力チェック問題

解答 別冊 p.17

☑ **1** 【1次関数】
次のうち，y が x の1次関数であるものはどれですか。記号で答
えなさい。

㋐ 面積 $30\,\mathrm{cm}^2$ の長方形の縦の長さ $x\,\mathrm{cm}$ と横の長さ $y\,\mathrm{cm}$

㋑ 1個 $x\,\mathrm{g}$ のボール10個と $900\,\mathrm{g}$ のバットの合計の重さ $y\,\mathrm{g}$

㋒ 半径が $x\,\mathrm{cm}$ の半円の面積 $y\,\mathrm{cm}^2$

〔　　　　　〕

 得点アップアドバイス

1

確認 **1次関数**

$a(a\neq0),\ b$ を定数として，
$y=ax+b$ と表すことが
できれば，
y は x の1次関数である。
$b=0$ で，$y=ax$ の比例
の場合も1次関数。

2 【変化の割合と増加量】
次の問いに答えなさい。

☑ (1) 1次関数 $y=2x-1$ で，x の値が 2 から 4 まで増加したときの，y の増加量を求めなさい。

〔　　　　　〕

☑ (2) 1次関数 $y=-3x+5$ で，x の値が 2 から 5 まで増加したときの，1次関数の変化の割合を求めなさい。

〔　　　　　〕

3 【グラフの傾きと切片】
次の問いに答えなさい。

☑ (1) 1次関数 $y=5x-3$ のグラフの傾きと切片を答えなさい。

〔　　　　　〕

☑ (2) 1次関数 $y=-\dfrac{1}{3}x+8$ のグラフの傾きと切片を答えなさい。

〔　　　　　〕

☑ (3) 傾きが 4，切片が 2 の直線の式を求めなさい。

〔　　　　　〕

4 【1次関数のグラフ】
次の1次関数のグラフを，下の座標平面上にかきなさい。

☑ (1) $y=3x+1$

☑ (2) $y=-x+2$

☑ (3) $y=5x-3$

☑ (4) $y=\dfrac{1}{3}x-3$

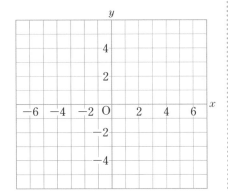

5 【1次関数の式を求める】
次の問いに答えなさい。

☑ (1) 直線 $y=2x$ を，y 軸の正の方向に 5 だけ平行移動した直線の式を求めなさい。

〔　　　　　〕

☑ (2) 傾きが -5 で，点 $(1,\ 1)$ を通る直線の式を求めなさい。

〔　　　　　〕

☑ (3) 1次関数 $y=ax+b$ のグラフが，2点 $(2,\ 3)$，$(-2,\ -1)$ を通るとき，a と b の値を求めなさい。

〔　　　　　〕

得点アップアドバイス

2
(1) y の増加量は，
$(2\times4-1)$
$\quad -(2\times2-1)$

(2) $\dfrac{(y\,\text{の増加量})}{(x\,\text{の増加量})}$ だから，
$$\dfrac{(-3\times5+5)-(-3\times2+5)}{5-2}$$
で求める。

3
確認 $y=ax+b$ で，a が傾き，b が切片
a も b も，符号を含めた数を答えること。

(2) $a=-\dfrac{1}{3}$，$b=8$ である。

(3) $a=4$，$b=2$ を，1次関数 $y=ax+b$ の式に代入すればよい。

4
1次関数 $y=ax+b$ のグラフは，傾きが a，切片が b の直線である。

確認 傾き a とは
たとえば，傾き 3 とは，x の値が 1 増えたとき，y の値が 3 増えるということ。傾きが -1 なら，x の値が 1 増えると，y の値は 1 減る。
したがって，グラフは，$a>0$ のとき**右上がり**，$a<0$ のとき**右下がり**の直線になる。

5
復習 比例のグラフ
比例 $y=ax$ のグラフは，傾きが a の原点を通る直線になる。
(1) 直線 $y=2x$ を y 軸の正の方向に b だけ**平行移動**した直線の式は，
$y=2x+b$
(2) 傾きが -5 だから，
$y=-5x+b$
これに点 $(1,\ 1)$ の座標の値を代入して，b の値を求める。

37

1 【1次関数の判別】
次の場合について，y が x の1次関数かどうか，それぞれ答えなさい。
(1) 1辺が x cm の正方形の面積を y cm^2 とする。

〔　　　　　　　　〕

ミス注意 (2) 10 km 離れた地点へ，時速4 km で歩いて行くとき，出発してから x 時間後の残りの道のりを y km とする。

〔　　　　　　　　〕

ミス注意 (3) 24 km 離れた地点へ，時速 x km で行くとき，かかる時間を y 時間とする。

〔　　　　　　　　〕

2 【1次関数の値の変化】
y が x の1次関数で，x と y の対応が右の表のように表されるとき，次の問いに答えなさい。

x		-1	0	1	2	
y	-4	-1	⑦		8	14

✓よくでる (1) y を x の式で表しなさい。

〔　　　　　　　　〕

(2) 表の⑦にあてはまる数を求めなさい。

〔　　　　　　　　〕

(3) x の値が3ずつ増加すると，y の値はいくらずつ増加しますか。

〔　　　　　　　　〕

(4) x の値が1から4まで増加するときの，変化の割合を求めなさい。

〔　　　　　　　　〕

3 【1次関数の式を求める】
次の条件を満たす1次関数の式を求めなさい。
(1) $x=3$ のとき $y=1$ で，変化の割合が -2 である。

〔　　　　　　　　〕

(2) x の値が3増加すると y の値は4増加し，$x=3$ のとき $y=6$ である。

〔　　　　　　　　〕

(3) $x=-2$ のとき $y=-2$ であり，$x=2$ のとき $y=6$ である。

〔　　　　　　　　〕

(4) グラフは点 $(1, 5)$ を通り，切片は4である。

〔　　　　　　　　〕

✓よくでる (5) グラフは，2点 $(0, 6)$，$(6, 0)$ を通る。

〔　　　　　　　　〕

4 【グラフから式を求める】
右の図の直線(1)～(3)の式をそれぞれ求めなさい。

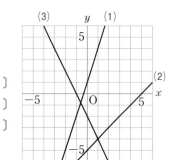

(1) 〔 　　　　　　　 〕

(2) 〔 　　　　　　　 〕

(3) 〔 　　　　　　　 〕

5 【1次関数の変域】
1次関数 $y=-\dfrac{1}{2}x+3$ について，次の問いに答えなさい。

(1) $x=2$ に対応する y の値を求めなさい。

〔 　　　　　　　 〕

(2) x の変域が $x\geqq2$ であるとき，y の変域を求めなさい。

〔 　　　　　　　 〕

(3) x の変域が $-4\leqq x\leqq2$ であるとき，y の変域を求めなさい。

〔 　　　　　　　 〕

6 【グラフ上の点の座標】
点 $\mathrm{P}(p,\ p)$ が直線 $y=-4x+10$ 上にあるとき，p の値を求めなさい。

〔 　　　　　　　 〕

入試レベル問題に挑戦

7 【1次関数のグラフの判別】
1次関数 $y=ax+b$ のグラフが次の(1)～(6)のようになるのは，a，b がどのようなときですか。右の⑦～⑪から選び，記号で答えなさい。

(1)
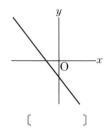

〔 　　　 〕

(2)
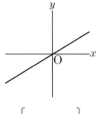

〔 　　　 〕

(3)
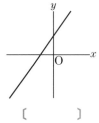

〔 　　　 〕

⑦	$a>0$, $b>0$
④	$a>0$, $b<0$
⑨	$a<0$, $b>0$
⑤	$a<0$, $b<0$
⑦	$a>0$, $b=0$
⑪	$a<0$, $b=0$

(4)
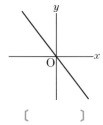

〔 　　　 〕

(5)
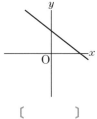

〔 　　　 〕

(6)
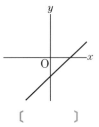

〔 　　　 〕

💡 ヒント

1次関数 $y=ax+b$ のグラフは，$a>0$ のとき右上がり，$a<0$ のとき右下がりの直線になる。
比例の式 $y=ax$ は，1次関数 $y=ax+b$ で $b=0$ の場合である。

2 方程式とグラフ

リンク
ニューコース参考書
中2数学
p.128 ～ 133

攻略のコツ 連立方程式の解が $x=p$, $y=q$ のとき, 2直線は点 (p, q) で交わる。

テストに出る! 重要ポイント

● 2元1次方程式の
　グラフ

❶ $ax+by=c$ のグラフ➡式を変形すると, $y=-\dfrac{a}{b}x+\dfrac{c}{b}$

となるから, 傾き $-\dfrac{a}{b}$, 切片 $\dfrac{c}{b}$ の直線になる。

例 2元1次方程式 $3x-2y=4$
のグラフは, 式を変形すると,

$$y=\dfrac{3}{2}x-2$$

傾き↑　　↑切片

だから, 傾き $\dfrac{3}{2}$, 切片 -2 の, 右の

図のような直線になる。

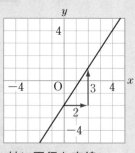

❷ $y=k$ のグラフ➡点 $(0, k)$ を通り, x 軸に平行な直線。

❸ $x=h$ のグラフ➡点 $(h, 0)$ を通り, y 軸に平行な直線。

● 連立方程式の解と
　グラフ

❶ 連立方程式の解とグラフ

連立方程式 $\begin{cases} ax+by=c & \cdots① \\ a'x+b'y=c' & \cdots② \end{cases}$

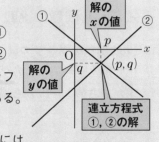

の解は, それぞれの方程式のグラフ
の交点の x 座標, y 座標の組である。

❷ 2直線の交点の座標

2つの直線の交点の座標を求めるには,
2直線の式を連立方程式として解き, 解の組を求める。

Step 1 　基礎力チェック問題

解答 別冊 p.19

1 【2元1次方程式のグラフ】
2元1次方程式 $x-3y=6$ のグラフについて, 次の問いに答えなさい。

☑ (1) この方程式を y について解きなさい。

〔　　　　　　　　〕

☑ (2) グラフの傾きと切片を求めなさい。

傾き〔　　　　　　〕　　切片〔　　　　　　〕

☑ (3) グラフと x 軸との交点の座標を求めなさい。

〔　　　　　　　　〕

得点アップアドバイス

1 ....

復習 y について解く

(1) 方程式 $x-3y=6$ を
y について解くとは, 方程式を **$y=ax+b$ の形に
なおす**こと。

(2) $y=ax+b$ の a が傾き, b が切片。

(3) x 軸との交点は, y 座標が 0 になる。

2 【2元1次方程式のグラフをかく】
次の方程式のグラフをかきなさい。

- ☑ (1) $3x-y=6$

- ☑ (2) $x-2y=-2$

- ☑ (3) $2x+3y=-9$

- ☑ (4) $x+y=0$

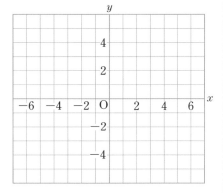

3 【座標軸に平行な直線】
右の図を見て，次の問いに答えなさい。

- ☑ (1) 右の⑦〜㋓の直線のうち，$y=-2$ のグラフはどれですか。記号で答えなさい。

  〔　　　　　〕

- ☑ (2) 右の⑦〜㋓の直線のうち，$x=2$ のグラフはどれですか。記号で答えなさい。

  〔　　　　　〕

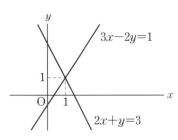

4 【連立方程式の解とグラフの交点】
次の問いに答えなさい。

- ☑ (1) 右の図から，

  連立方程式 $\begin{cases} 2x+y=3 \\ 3x-2y=1 \end{cases}$

  の解を求めなさい。

  〔　　　　　　　〕

- ☑ (2) 次の2直線の交点の座標を求めなさい。

  $\begin{cases} x+y=2 & \cdots\cdots① \\ x-y=1 & \cdots\cdots② \end{cases}$

  〔　　　　　　　〕

- ☑ (3) 次の2直線の交点の座標を求めなさい。

  $\begin{cases} 3x-y=15 & \cdots\cdots① \\ y=3 & \cdots\cdots② \end{cases}$

  〔　　　　　　　〕

得点アップアドバイス

2

✓確認 2元1次方程式のグラフは**直線**になるが，そのグラフをかくときは，式を $y=ax+b$ の形になおし，傾きと切片を求める。

また，直線になることから，通る2点の座標を求めてかくこともできる。(1)なら，2点 $(0, -6)$，$(1, -3)$ を通る直線をかけばよい。

3

🔺テストで注意 とりちがえるな！

・$y=k \Rightarrow x$ 軸に平行
・$x=h \Rightarrow y$ 軸に平行
である。

(1) $y=-2$ は，x がどんな値でも y の値が -2 であるから，x 軸に平行な直線。

(2) $x=2$ は，y がどんな値でも x の値が 2 であるから，y 軸に平行な直線。

4

✓確認 連立方程式の解が $x=p$，$y=q$
⇔ グラフの交点 (p, q)

(1) 上のことから，連立方程式を解かなくても，グラフの交点の座標から解がわかる。

(2)(3) **交点の座標を求める⇒連立方程式を解く**

であるから，加減法や代入法を使って，連立方程式を解けばよい。

ただし，求めるのは，交点の座標だから，答え方に気をつける。

3章／1次関数

2 方程式とグラフ

1 【2元1次方程式のグラフ】
次の方程式のグラフをかきなさい。

✓よくでる (1)　$3x+y-2=0$

(2)　$3x-5y-15=0$

(3)　$4x=3y$

(4)　$3x+12=0$

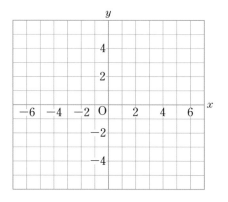

2 【グラフと連立方程式の解】
次の問いに答えなさい。

(1)　方程式 $x+2y=-4$ のグラフをかきなさい。

(2)　方程式 $3x-2y=-4$ のグラフをかきなさい。

(3)　連立方程式 $\begin{cases} x+2y=-4 \\ 3x-2y=-4 \end{cases}$ の解を求めなさい。

〔　　　　　　　〕

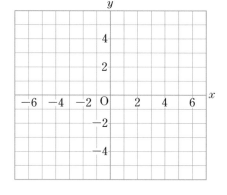

3 【グラフを読み取る】
右の図について，次の問いに答えなさい。

ミス注意 (1)　①の直線の式を求めなさい。

〔　　　　　　　〕

(2)　②の直線の式を求めなさい。

〔　　　　　　　〕

(3)　③の直線の式を求めなさい。

〔　　　　　　　〕

✓よくでる (4)　②の直線と③の直線の交点の座標を求めなさい。

〔　　　　　　　〕

4 【2直線の交点と座標軸に平行な直線】
次の問いに答えなさい。

(1) 2つの直線 $2x+y=-2$, $-4x-3y=7$ の交点を通り，x 軸に平行な直線の式を求めなさい。

〔　　　　　　　　〕

(2) 2つの直線 $3x+y=5$, $2y-x=-4$ の交点を通り，y 軸に平行な直線の式を求めなさい。

〔　　　　　　　　〕

5 【同じ点で交わる3直線】
次の3つの直線が同じ点で交わるとき，a の値を求めなさい。
$$x-2y=-8\cdots\cdots① ,\quad x-y=-1\cdots\cdots② ,\quad 2x-y=a\cdots\cdots③$$

〔　　　　　　　　〕

 思考
6 【方程式とグラフ】
$ab>0$，$ac<0$ であるとき，直線 $ax+by+c=0$ が通らない部分はどこですか。右の図の⑦〜⊂から選び，記号で答えなさい。

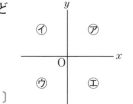

〔　　　　　　　　〕

入試レベル問題に挑戦

7 【グラフと交点の座標】
右の図で，直線 ℓ は $y=ax+2$，直線 m は $y=3x+b$ です。2直線 ℓ，m の交点を P とするとき，次の問いに答えなさい。

(1) 点 P の座標が $(-4,\ 5)$ のとき，a，b の値をそれぞれ求めなさい。

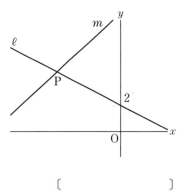

〔　　　　　　　　〕

(2) 点 P の x 座標が -5，直線 m の切片が 7 のとき，a の値を求めなさい。

〔　　　　　　　　〕

💡 ヒント
(2) 切片が 7 なので，直線 m の式は $y=3x+7$ である。この式に x の値を代入して，点 P の y 座標を求める。

3 1次関数の応用

座標平面上の図形の問題では，交点などの x 座標，y 座標に着目。

🔗 リンク
ニューコース参考書
中2数学
p.134～141

テストに出る！ 重要ポイント

● **ばねの長さと重さの関係**

長さが $b\,$cm のばねに，$x\,$g のおもりをつるしたときのばねの長さを $y\,$cm とすると，ばねののびはおもりの重さに比例するから，式は，$\boldsymbol{y=ax+b}$ となる。
　　　　　　　↑ばねののび　　↑はじめの長さ

● **座標平面上の図形**

座標平面上の図形の問題では，直線上の点や，交点などの x 座標，y 座標に着目して考えるとよい。

例 右の図の△PABの面積を求める。

・△PABで，

　底辺➡ AB$=b-a$

　高さ➡交点Pの y 座標 $=n$

だから，△PAB$=\dfrac{1}{2}n(b-a)$

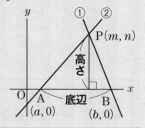

● **速さ・時間・道のりの関係**

一定の速さで移動するとき，道のりは時間に比例するから，グラフは直線になる。たとえば，右の図で，AがBに追いつくとき，

・**Bが出発してからAに追いつかれるまでの進んだ時間**

　➡交点Pの x 座標 m

・**出発点からの道のり**

　➡交点Pの y 座標 n

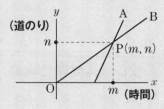

Step 1 基礎力チェック問題

解答▶ 別冊 p.20

1 【ばねの長さと重さの関係】

ある長さのばねに $8\,$g のおもりをつるすと，ばねの長さは $12\,$cm になり，$12\,$g のおもりをつるすと $14\,$cm になります。このばねののびる長さはつるしたおもりの重さに比例するものとして，次の問いに答えなさい。

☑ (1) $x\,$g のおもりをつるしたとき，ばねの長さは $y\,$cm になるとして，x と y の関係を式に表しなさい。

〔　　　　　　　　　〕

☑ (2) このばねの長さが $20\,$cm になるのは，何 g のおもりをつるしたときですか。

〔　　　　　　　　　〕

📝 **得点アップアドバイス**

1

(1) （ばねの長さ）
　＝（ばねののび）
　　＋（はじめの長さ）
だから，$y=ax+b$ とおいて，x と y に2通りの重さとばねの長さを代入して，a，b の値を求める。

2 【直線と軸がつくる四角形】

1次関数 $y=-\dfrac{3}{2}x+6$ のグラフが x

軸，y 軸と交わる点をそれぞれ **A**，**B**
とし，線分 **AB** 上の点 **P** から，x 軸，
y 軸にひいた垂線と x 軸，y 軸との
交点をそれぞれ **Q**，**R** とします。こ
のとき，次の問いに答えなさい。

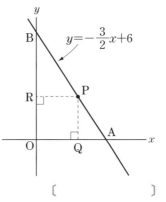

☑(1) 四角形 OQPR が正方形になるとき，点
P の座標を求めなさい。

〔　　　　　　　〕

☑(2) 四角形 OQPR が，PQ：PR＝1：2 である長方形になるとき，点 P の
座標を求めなさい。

〔　　　　　　　〕

3 【座標平面上の三角形の面積】

右の図の直線①は $y=\dfrac{3}{2}x$，直線②

は $y=-3x+18$ のグラフです。
また，点 **A** は直線②と x 軸との交点，
点 **B** は直線①と直線②の交点です。
このとき，次の問いに答えなさい。

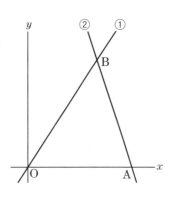

☑(1) △OAB の面積を求めなさい。ただし，
座標の単位は cm とします。

〔　　　　　　　〕

☑(2) 線分 AB 上に点 P をとります。直線 OP が△OAB の面積を 2 等分す
るとき，点 P の座標を求めなさい。

〔　　　　　　　〕

4 【速さ・時間・道のりとグラフ】

右のグラフは，4800 m 離れた同じ地点
に向かって，**A** は徒歩で，**B** は **A** より
も 30 分遅れて出発し，自転車で行った
ようすを表しています。これについて，
次の問いに答えなさい。

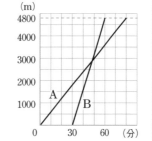

☑(1) AとBの速さを，分速で求めなさい。

A〔　　　　　　　〕 B〔　　　　　　　〕

☑(2) BがAを追いこしたのは，Aが出発してから何分後ですか。

〔　　　　　　　〕

🖊 **得点アップアドバイス**

2

確認 **座標を t で表す**

点 P の x 座標を t とす
ると，y 座標は
$-\dfrac{3}{2}t+6$ になる。

(1) 四角形 OQPR が正
方形になるとき，PR＝PQ
また，PR は点 P の x 座
標，PQ は点 P の y 座標
である。

(2) PQ：PR＝1：2
から，PR＝2PQ である。

3

(1) 点 A は，直線②上
の点で，y 座標が 0 であ
るから，$-3x+18=0$ を
解いて x 座標を求めれば
よい。また，点 B は①と
②の交点だから，連立方
程式を解いて求める。

テストで
注意 △OAB の高さは，
点 B の y 座標！

交点 B の座標で必要な
のは y 座標であることに
注意する。

(2) 「直線 OP が△OAB
の面積を 2 等分」
➡点 P の y 座標は，点
B の y 座標の半分
である。

4

復習 **速さ・時間・
道のりの関係**

速さ＝道のり÷時間

(1) グラフから時間と道
のりを読み取ると，
A…80 分で 4800 m
進んだ。
B…30 分で 4800 m
進んだ。

(2) 追いこした時間
➡A，B のグラフの交
点の x 座標

1　【加熱時間と水温】

容器の中の水を一定の火力で加熱したときの，水を熱し始めてからの時間と水温の関係を実験によって調べました。その結果，水を熱し始めてから x 分後の水温を y℃とすると，$y=8.5x+16$ という関係が得られました。

これについて，次の問いに答えなさい。

(1)　式 $y=8.5x+16$ の 16 は，何を表していますか。

〔　　　　　　　　　〕

(2)　式 $y=8.5x+16$ の 8.5 は，何を表していますか。

〔　　　　　　　　　〕

(3)　水を熱し始めてから，4 分後の水温は何℃ですか。

〔　　　　　　　　　〕

(4)　水温が 84℃になるのは，熱し始めてから何分後ですか。

〔　　　　　　　　　〕

2　【直線の交点と三角形の面積】

✓よくでる　2 つの直線 $y=-2x+6$，$y=2x$ と x 軸に平行な直線 $y=7$ の交点を，それぞれ右の図のように P，Q，R とするとき，次の問いに答えなさい。

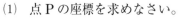

(1)　点 P の座標を求めなさい。

〔　　　　　　　〕

(2)　点 R の座標を求めなさい。

〔　　　　　　　〕

(3)　△PQR の面積を求めなさい。ただし，座標の単位は cm とします。

〔　　　　　　　　　〕

3　【三角形を 2 等分する直線の式】

右の図のような三角形 ABC があって，各頂点の座標は，A(2, 3)，B(−2, −2)，C(3, −2) です。このとき，次の問いに答えなさい。

(1)　△ABC の面積を求めなさい。ただし，座標の単位は cm とします。

〔　　　　　　　〕

(2)　辺 AC 上に点 P があり，△ABP＝△CBP のとき，直線 BP の式を求めなさい。

〔　　　　　　　　　〕

4 【図形上を動く点】

右の長方形 ABCD の辺上を，点 P が頂点 A を出
✓よくでる 発して，A→B→C→D と動きます。点 P が A か
ら x cm 動いたときの△APD の面積を y cm^2 とす
るとき，次の問いに答えなさい。

(1) 点 P が辺 AB 上にあるとき，y を x の式で表
しなさい。

〔　　　　　　　　〕

(2) 点 P が辺 BC 上にあるときの，x の変域を求
めなさい。

〔　　　　　　　　〕

(3) (2)のとき，y の値を求めなさい。

〔　　　　　　　　〕

ミス注意 (4) 点 P が辺 CD 上にあるとき，y を x の式で表しなさい。

〔　　　　　　　　〕

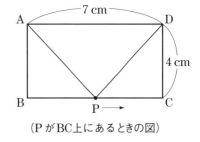

（P が BC 上にあるときの図）

入試レベル問題に挑戦

5 【座標平面上の図形】

右の図のように，2 点 A $(0, 10)$，B $(-10, 0)$
を通る直線 $y = x + 10$ があります。また，点 A
と x 軸上の点 C $(5, 0)$ を通る直線 ℓ があり
ます。線分 AB 上に点 P，線分 AC 上に点 Q
をとり，2 点 P，Q から x 軸にひいた垂線と x
軸との交点をそれぞれ R，S として，長方形
PRSQ をつくります。点 Q の x 座標を t として，
次の問いに答えなさい。

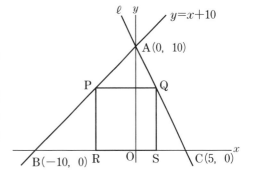

(1) 直線 ℓ の式を求めなさい。

〔　　　　　　　　〕

(2) 点 Q の座標を t を使って表しなさい。

〔　　　　　　　　〕

(3) 点 P の座標を t を使って表しなさい。

〔　　　　　　　　〕

(4) 線分 PQ の長さを t を使って表しなさい。

〔　　　　　　　　〕

(5) 四角形 PRSQ が正方形になるとき，この正方形の 1 辺の長さを求めなさい。ただし，
座標の単位は cm とします。

〔　　　　　　　　〕

💡 ヒント
(5) 四角形 PRSQ が正方形になるとき，PR＝PQ になることから，座標間の距離（きょり）が等式で結べる。

定期テスト予想問題 ①

1 次の各式のうち，y が x の1次関数であるものをすべて選び，記号で答えなさい。 【5点】

㋐ $3y=x$ ㋑ $y=-3(x-3)$ ㋒ $y=x-x^2$

㋓ $y=\dfrac{2}{x}$ ㋔ $y=\dfrac{x-1}{2}$

2 次の条件を満たす直線の式を求めなさい。 【5点×4】

(1) 傾きが4で，切片が -3。
(2) 直線 $y=-2x$ に平行で，点 $(6,\ 3)$ を通る。
(3) 2点 $(4,\ -3)$，$(-4,\ 1)$ を通る。
(4) 点 $(5,\ -3)$ を通り，x 軸に平行である。

(1)		(2)	
(3)		(4)	

3 下の図の，(1)～(5)の直線の式をそれぞれ求めなさい。 【5点×5】

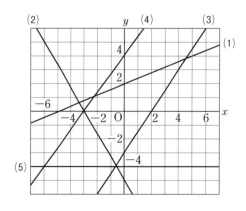

(1)	
(2)	
(3)	
(4)	
(5)	

4 右の図の直線①, ②の式が, それぞれ

$$\begin{cases} y = x + 3 & \cdots ① \\ y = -\dfrac{1}{2}x + 4 & \cdots ② \end{cases}$$

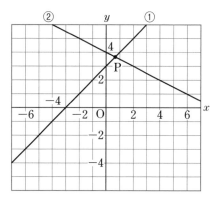

のとき, 次の問いに答えなさい。 【7点×4】

(1) 直線①と直線②の交点Pの座標を求めなさい。

(2) 直線 $y = -2$ と直線①の交点をAとするとき, 点Aの座標を求めなさい。

(3) 直線 $y = -2$ と直線②の交点をBとします。このとき, (2)の点Aと点Bを結ぶ線分の長さを求めなさい。ただし, 座標の1目もりを1cmとします。

(4) (3)のとき, △PABの面積を求めなさい。

(1)		(2)	
(3)		(4)	

5 右の図は, AとBが6km離れたP地点とQ地点をそれぞれ午前8時に同時に出発し, AはQ地点に, BはP地点に向かって同じ道を歩いたようすを表しています。これについて, 次の問いに答えなさい。 【7点×2】

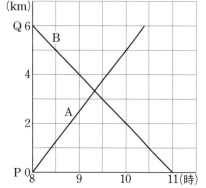

(1) Bが歩き始めてから x 時間後の, P地点からの道のりを y km として, y を x の式で表しなさい。ただし, $0 \leq x \leq 3$ とします。

(2) AとBが出会った時刻は, 何時何分ですか。また, 出会った場所をP地点からの道のりで求めなさい。

(1)		(2)	

6 x の変域 $-3 \leq x \leq 1$ において, 2つの1次関数 $y = ax + 5 \, (a > 0)$ と $y = -2x + b$ の y の変域が一致するとき, a, b それぞれの値を求めなさい。 【8点】

定期テスト予想問題 ②

時間▶ 50分
解答▶ 別冊 p.23

得点

/100

---

1 次の条件を満たす直線の式を求めなさい。　【6点×4】

(1) 傾きが -3 で，点 $(0, 6)$ を通る。　(2) 切片が -2 で，点 $(8, 1)$ を通る。

(3) 2点 $\left(\dfrac{3}{2}, 3\right)$，$(5, 0)$ を通る。　(4) 点 $(-5, 3)$ を通り，y 軸に平行である。

(1)		(2)	
(3)		(4)	

---

2 右の図のように，1次関数 $y=\dfrac{1}{2}x+4$ のグラフがあります。このグラフ上に，x 座標が正の数である点 P をとり，点 P から x 軸にひいた垂線と x 軸との交点を Q とします。原点を O として，$OQ=PQ$ となるときの点 Q の x 座標を求めなさい。　【12点】

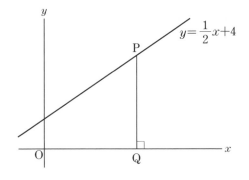

---

3 A さんは，家を出発して，まっすぐな道を 20 分間歩いて学校に着きました。右の図は，A さんが家を出発してから x 分後の A さんが歩いた道のりを y m として，x と y の関係をグラフに表したものです。この図で，$12 \leqq x \leqq 20$ のときの x と y の関係を式に表すと，$y=100x-600$ となります。

A さんが家から学校まで行くのに，はじめの 12 分間の速さで歩いたとすると，何分かかるかを求めなさい。

【12点】

4 右の図で，点 O は原点，点 A，B の座標は
それぞれ (2, 5)，(8, 2) です。点 C は直
線 AB と x 軸との交点で，点 P は x 軸上の
正の部分（原点より右の部分）を動く点で
す。これについて，次の問いに答えなさい。

[8点×4]

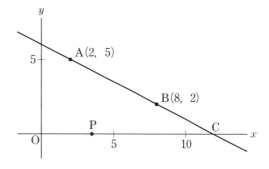

(1) 直線 AB の傾きを求めなさい。

(2) 点 C の座標を求めなさい。

(3) △AOP と △BPC の面積が等しくなるときの，点 P の x 座標を求めなさい。

(4) 点 P の x 座標が 4 のとき，線分 PA，PB を 2 辺とする平行四辺形 PBQA をつくり
ます。この平行四辺形の頂点 Q の座標を求めなさい。

(1)		(2)	
(3)		(4)	

5 下の表は，ある電話会社の料金プランを表したものです。1 か月の電話料金は，この表の
基本料金と通話料金を合計した金額になります。たとえば，1 か月の通話時間が 10 分の
場合，A コースだと 1200＋0＝1200 で 1200 円，B コースだと 600＋20×10＝800 で 800
円の電話料金がかかります。
1 か月の通話時間を x 分，その月の電話料金を y 円として，あとの問いに答えなさい。

【10点×2】

コース	基本料金	通話料金
A コース	1200 円	60 分までは 0 円，60 分を超えると，1 分あたり 15 円
B コース	600 円	1 分あたり 20 円

(1) $x>60$ のとき，A コースの x と y の関係を式に表しなさい。

(2) B コースの電話料金が A コースの電話料金以上になるのは，1 か月の通話時間が何分
以上になったときかを求めなさい。

(1)		(2)	

1 平行線と角

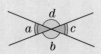

攻略のコツ 補助線をひくなどして、『同位角または錯角が等しければ、2直線は平行』を使う。

テストに出る！ 重要ポイント

● 対頂角

2つの直線が交わったときにできる角のうち、右の図の $\angle a$ と $\angle c$ のように向かい合っている角を対頂角という。

● 対頂角は等しい。➡ 右上の図で、 $\angle a = \angle c$, $\angle b = \angle d$

● 同位角と錯角

右の図のように、2つの直線 ℓ, m に1つの直線が交わってできる角のうち、$\angle a$ と $\angle c$ のような位置にある角を同位角、$\angle b$ と $\angle c$ のような位置にある角を錯角という。

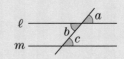

● 平行線と角

❶ **平行線の性質**…平行な2直線に1つの直線が交わるとき、同位角・錯角は等しい。

❷ **平行線になる条件**…2直線に1つの直線が交わるとき、同位角または錯角が等しければ、2直線は平行である。

例 右上の図で、$\angle a = \angle c$ または $\angle b = \angle c$ ならば、$\ell /\!/ m$

Step 1 基礎力チェック問題

解答 別冊 p.24

1 【対頂角が等しい理由】

右の図を見て、次の問いに答えなさい。

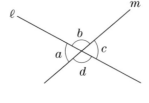

☑ (1) 対頂角が等しいことを説明します。次の □ にあてはまる数や記号を答えなさい。

〔説明〕 直線 m 上で、$\angle a = \boxed{①}° - \angle b$
  直線 ℓ 上で、$\angle c = 180° - \angle \boxed{②}$
  したがって、$\angle a = \angle \boxed{③}$ である。

①〔　　　〕　②〔　　　〕　③〔　　　〕

☑ (2) $\angle b$ と $\angle d$ の大きさを、それぞれ $\angle a$ を使って表しなさい。

〔$\angle b =$　　　〕　〔$\angle d =$　　　〕

☑ (3) $\angle a = 65°$ のとき、$\angle b$ と $\angle c$ の大きさを求めなさい。

〔$\angle b =$　　　〕　〔$\angle c =$　　　〕

得点アップアドバイス

1 ·············

復習 一直線の角は $180°$

直線 m 上で、$\angle a$ と $\angle b$ を合わせると一直線になるから $180°$ になる。したがって、
 $\angle a = 180° - \angle b$
 $\angle b = 180° - \angle a$
と表せる。

2 【同位角と錯角】
右の図について，次のそれぞれの角を答えなさい。

☑ (1) ∠a の同位角

〔　　　　　　　　〕

☑ (2) ∠g の同位角

〔　　　　　　　　〕

☑ (3) ∠c の錯角

〔　　　　　　　　〕

☑ (4) ∠h の錯角

〔　　　　　　　　〕

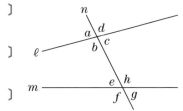

3 【平行線と角(1)】
右の図で，ℓ// m のとき，次の問いに答えなさい。

☑ (1) ∠b に等しい角をすべて答えなさい。

〔　　　　　　　　〕

☑ (2) ∠e に等しい角をすべて答えなさい。

〔　　　　　　　　〕

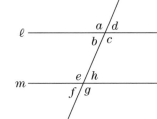

4 【平行線と角(2)】
右の図で，ℓ// m のとき，次の角の大きさを求めなさい。

☑ (1) ∠x

〔　　　　　　　　〕

☑ (2) ∠y

〔　　　　　　　　〕

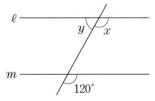

5 【平行四辺形と角】
右の四角形 ABCD は，平行四辺形です。これについて，次の問いに答えなさい。

☑ (1) ∠x の大きさを求めなさい。

〔　　　　　　　　〕

☑ (2) ∠y の大きさを求めなさい。

〔　　　　　　　　〕

☑ (3) ∠z＝70° であることを説明しなさい。

〔　　　　　　　　　　　　　　　　　　　　　　　　　　〕

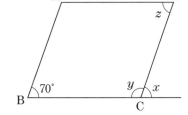

得点アップアドバイス

2

確認 **同位角と錯角**

同位角は同じような位置にある角，錯角はＳ字の位置にある角と覚えよう。

3

確認 **平行線の同位角・錯角は等しい。**

(1) ∠b の同位角は ∠f，錯角は ∠h

テストで注意 **対頂角を忘れない！**

直線が交われば，必ず対頂角ができる。対頂角は，つねに等しい。

4

(1) 120° の角と ∠x は同位角である。

(2) ∠x と ∠y を合わせると，一直線の角になる。

5

復習 **平行四辺形は，向かい合った２組の辺が平行な四角形。**

(1) 辺 AB// 辺 DC であるから，同位角は等しい。

(3) 辺 AB// 辺 DC，
辺 AD// 辺 BC
であるから，同位角や錯角が等しいことを使って説明する。

1 【対頂角】
右の図で，次の角の大きさを求めなさい。

(1) ∠a

〔　　　　　　〕

(2) ∠b

〔　　　　　　〕

(3) ∠a＋∠b＋∠c

〔　　　　　　〕

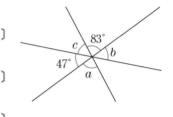

2 【対頂角，平行線と角】
下の図で，ℓ∥m のとき，∠x，∠y の大きさを求めなさい。

✓よくでる(1)

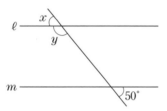

(2)

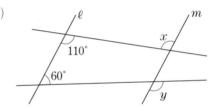

〔∠x＝　　　　　，∠y＝　　　　　〕　〔∠x＝　　　　　，∠y＝　　　　　〕

3 【平行線の間の角】
下の図で，ℓ∥m のとき，∠x の大きさを求めなさい。

✓よくでる(1)

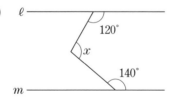

(2)

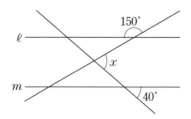

〔　　　　　　〕　　　　　　　〔　　　　　　〕

4 【平行な2直線と角】
右の図の直線について，次の問いに答えなさい。

(1) 直線 a, b, c, d, e のうち，平行であるもの
を記号 // を使ってすべて表しなさい。

〔　　　　　　　　　　〕

(2) $\angle x$, $\angle y$, $\angle z$, $\angle u$, $\angle v$ のうち，等しい角
を等号を使ってすべて表しなさい。

〔　　　　　　　　　〕

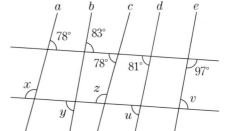

5 【折り返してできる角】
右の図のように，長方形の紙 ABCD を，頂点 D が辺
BC 上の点 E にくるように折り曲げたときの折り目を
FG とします。$\angle DFG = a°$ とするとき，次の角の大き
さを，a を使って表しなさい。

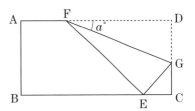

(1) $\angle BEF$

〔　　　　　　〕

ミス注意 (2) $\angle CEG$

〔　　　　　　〕

入試レベル問題に挑戦

6 【平行線の間の角】
次の図で，$\ell /\!/ m$ のとき，$\angle x$ の大きさを求めなさい。

(1)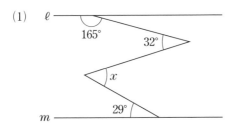

(2)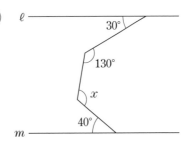

〔　　　　　　　〕　　　　　　〔　　　　　　　〕

💡 ヒント

補助線として，直線 ℓ と m の間にある $\angle x$ ともう1つの角の点をそれぞれ通り，直線 ℓ, m に平
行な直線をひいて考える。

2 多角形の内角と外角

リンク
ニューコース参考書
中2数学
p.159〜169

攻略のコツ 三角形の内角の和，外角，平行線の角などを組み合わせて考える。

テストに出る！ 重要ポイント

● **三角形の内角と外角**

❶ **三角形の内角の和**…三角形の3つの内角の和は，180°である。

　例　右の図で，
　　　∠A＋∠B＋∠ACB＝180°

❷ **三角形の内角と外角の関係**
　三角形の外角は，それととなり合わない2つの内角の和に等しい。

　例　右上の図で，∠ACD＝∠A＋∠B

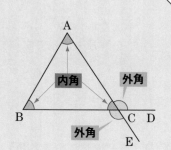

● **多角形の内角と外角**

❶ **多角形の内角の和**…n 角形は，1つの頂点からひいた対角線によって，$(n-2)$ 個の三角形に分けられるから，
　　　n 角形の内角の和 ＝180°×$(n-2)$

❷ **多角形の外角の和**…多角形の外角の和は，つねに360°である。

Step 1　基礎力チェック問題

解答▶ 別冊 p.25

1 【三角形の内角と外角】
次の図で，それぞれの∠x の大きさを求めなさい。

☑ (1)
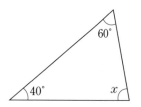

〔　　　　　〕

☑ (2)
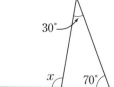

〔　　　　　〕

☑ (3)
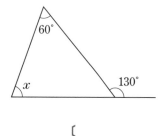

〔　　　　　〕

☑ (4)
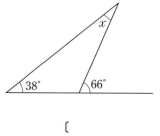

〔　　　　　〕

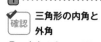 **得点アップアドバイス**

1

確認 **三角形の内角と外角**

① 内角の和は，180°

② 外角は，それととなり合わない2つの内角の和に等しい。

(1) 60°＋40°＋∠x＝180°

(3) 60°＋∠x＝130°

(4) ∠x＋38°＝66°

2 【三角形の内角の和の説明】

右の図のように，△ABC の頂点 A を通り，辺 BC に平行な直線 DE をひきます。この図を使って，三角形の内角の和が 180°であることを説明しなさい。

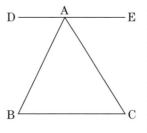

3 【三角形の内角と外角の関係の説明】

右の図で，∠A＋∠C＝∠ABD が成り立つわけを説明します。次の□にあてはまる数や記号を書きなさい。

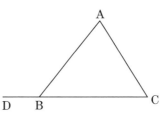

〔説明〕　∠A＋∠ABC＋∠C＝180° だから，

∠A＋∠C＝ ⑦ °－∠ABC　…①

一方，∠DBC は一直線で 180° だから，

∠ABD＝180°－∠ ⑦ 　…②

①，②より，∠A＋∠C＝∠ABD

⑦〔　　　　　　　〕　　⑦〔　　　　　　　〕

4 【多角形の内角の和】

次の問いに答えなさい。

(1) 四角形の内角の和を求めなさい。

〔　　　　　　　〕

(2) 五角形は，1つの頂点からひいた対角線によって，いくつの三角形に分けられますか。

〔　　　　　　　〕

(3) 五角形の内角の和を求めなさい。

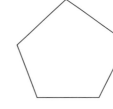

〔　　　　　　　〕

5 【多角形の内角の和，外角の和】

次の問いに答えなさい。

(1) 七角形の内角の和を求めなさい。

〔　　　　　　　〕

(2) 九角形の内角の和を求めなさい。

〔　　　　　　　〕

(3) 九角形の外角の和を求めなさい。

〔　　　　　　　〕

得点アップアドバイス

2

復習　**平行線の錯角は等しい！**

∠B，∠C を，∠A のまわりに集めるようにして考える。

3

三角形の内角の和は 180° だから，

∠A＋∠ABC＋∠C ＝180°

これから，∠A＋∠C を ∠ABC を使って表す。

①と②の右辺が等しいことがいえれば，∠A＋∠C＝∠ABD がいえるね。

4

(1) 四角形は，1本の対角線で2つの三角形に分けられるから，内角の和は 180° の2倍である。

(2) 実際に，1つの頂点から対角線をひいてみよう。

(3) 180° に，(2)で求めた三角形の数をかければよい。

5

確認　**n 角形の内角の和 ＝180°×(n－2)**

(1)(2) 上の公式で求められるが，**4**の(2)(3)のようにして求めてもよい。

(3) 多角形の外角の和は，どんな多角形でも 360° である。

4章／図形の調べ方

2　多角形の内角と外角

1 【三角形と角】
下の図で，∠x の大きさを求めなさい。

✓よくでる (1)

(2)

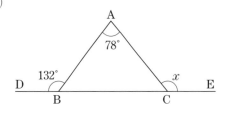
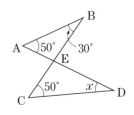

〔　　　　　　　〕　　　　　　〔　　　　　　　〕

2 【三角形と角の二等分線】
右の図で，∠BAC の二等分線と辺 BC との交点を D とし，
∠B＝50°，∠C＝60° とするとき，∠x の大きさを求めなさい。

〔　　　　　　　〕

3 【三角形と平行線の角】
右の図で，$\ell /\!/ m$ のとき，次の問いに答えなさい。

(1)　∠x の大きさを求めなさい。

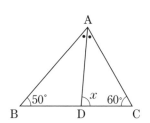

〔　　　　　　　〕

ミス注意 (2)　∠y の大きさを求めなさい。

〔　　　　　　　〕

4 【多角形の内角と外角】
次の問いに答えなさい。

✓よくでる (1)　六角形の内角の和を求めなさい。

〔　　　　　　　〕

(2)　正六角形の1つの内角の大きさを求めなさい。

〔　　　　　　　〕

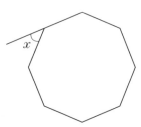

✓よくでる (3)　右の図は，正八角形です。1つの外角である∠x の大
きさを求めなさい。

〔　　　　　　　〕

5 【三角形の角の大きさによる分類】
右の図の三角形から，次の三角形をすべて選びなさい。

(1) 鋭角三角形

〔　　　　　　　　　〕

(2) 直角三角形

〔　　　　　　　　　〕

(3) 鈍角三角形

〔　　　　　　　　　〕

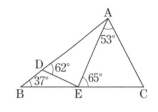

6 【内角の二等分線がつくる角】
右の図で，直線 **BD**，**CD** は，それぞれ∠B，∠C の二等分線
です。∠A＝40° のとき，∠x の大きさを求めなさい。

〔　　　　　　　　　〕

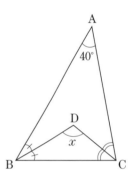

7 【星形の図形と角の和】
右の図について，次の問いに答えなさい。

(1) ∠x の大きさを，∠a と∠d を使って表しなさい。

〔　　　　　　　　　〕

(2) ∠a＋∠b＋∠c＋∠d＋∠e の大きさを求めなさ
い。

〔　　　　　　　　　〕

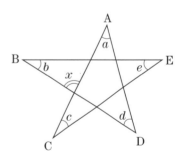

入試レベル問題に挑戦

8 【複雑な形の角】
右の図で，∠x の大きさを求めなさい。

〔　　　　　　　　　〕

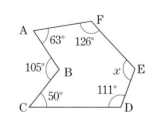

💡 **ヒント**

補助線として AB を延長し，多角形を三角形と五角形に分ける。補助線と CD が交わるところの
五角形の内角は，三角形の外角になる。

3 合同と証明

リンク
ニューコース参考書
中2数学
p.170〜181

攻略のコツ 三角形の合同の証明では，どの合同条件を使うかを必ず明示すること。

テストに出る! 重要ポイント

●**図形の合同**
❶ 合同な図形は，記号「≡」を使って表す。
❷ 合同な図形では，対応する線分や角は等しい。

●**三角形の合同条件**
❶ 3組の辺がそれぞれ等しい。

❷ 2組の辺とその間の角が
それぞれ等しい。

❸ 1組の辺とその両端の角
がそれぞれ等しい。

●**図形と証明**
❶「A ならば B」で，A の部分を仮定，B の部分を結論という。
❷ 証明…すじ道を立てて，仮定から結論を導くこと。

Step 1　基礎力チェック問題

解答 別冊 p.26

1 【合同の表し方】
右の図の2つの三角形は合同です。これについて，次の問いに答えなさい。

☑ (1) 辺 AB と長さの等しい辺を答えなさい。
〔　　　　　　　〕

☑ (2) ∠C と大きさの等しい角を答えなさい。
〔　　　　　　　〕

☑ (3) 2つの三角形が合同であることを，記号を使って表しなさい。
〔　　　　　　　　　　〕

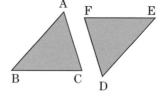

2 【対応する辺と角】
五角形 ABCDE ≡ 五角形 FGHIJ であるとき，次の問いに答えなさい。

☑ (1) 辺 BC に対応する辺は，どれですか。
〔　　　　　　　〕

得点アップアドバイス

1

確認 **合同の表し方**

合同な図形を記号を使って表すときは，対応する頂点の記号を，順に合わせて表す。

2

復習 **合同な図形の対応する辺と角**

合同な2つの図形は，ぴったりと重ね合わせることができる。図形を重ね合わせたとき，重なり合う辺が対応する辺，重なり合う角が対応する角である。

☑ (2) 辺 DE の長さが 3 cm のとき，辺 IJ の長さを求めなさい。

〔　　　　　　　　〕

☑ (3) ∠FGH＝100°のとき，五角形 ABCDE で，大きさのわかる角と，その角の大きさを書きなさい。

〔　　　　　　　　〕

3 【三角形の合同条件】
下の図で，合同な三角形を 3 組選んで記号で答えなさい。また，そのときの合同条件も答えなさい。

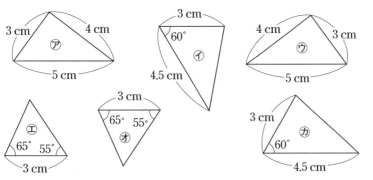

☑〔三角形　　　　　　　合同条件　　　　　　　　　　　　　〕
☑〔三角形　　　　　　　合同条件　　　　　　　　　　　　　〕
☑〔三角形　　　　　　　合同条件　　　　　　　　　　　　　〕

☑ **4** 【三角形の合同】
△ABC と △DEF に関する次の条件のうち，△ABC≡△DEF になるものをすべて選び，記号で答えなさい。

⑦ AB＝DE，∠A＝∠D，∠B＝∠E
⑦ ∠A＝∠D，∠B＝∠E，∠C＝∠F
⑦ BC＝EF，CA＝FD，∠C＝∠F
⑦ AB＝DE，BC＝EF，∠C＝∠F 〔　　　　　　　〕

5 【仮定と結論】
次の問いに答えなさい。

☑ (1) 「ℓ//m，m//n ならば，ℓ//n である。」について，仮定と結論を，それぞれ答えなさい。

〔　　　　　　　　　　　　　　　　　　　　　〕

☑ (2) 「4 の倍数は，12 の倍数である。」について，仮定と結論を，それぞれ答えなさい。

〔　　　　　　　　　　　　　　　　　　　　　〕

☑ (3) 「正三角形の 3 つの内角は等しく，どれも 60°である。」について，仮定と結論を，それぞれ右の図の記号を用いて，式で表しなさい。

〔　　　　　　　　　　　　　　　　　　　　　〕

③
確認　三角形の合同条件

2 つの三角形は，次のどれかが成り立てば，合同である。
① 3 組の辺がそれぞれ等しい。
② 2 組の辺とその間の角がそれぞれ等しい。
③ 1 組の辺とその両端の角がそれぞれ等しい。

合同条件を答えるときも，上の①〜③のいずれかを答えればよい！

④
実際の三角形に，条件を書き加えて考える。

⑤
(1) 「ならば」の前の部分が仮定，「ならば」のあとの部分が結論。

(2) 「……ならば，……である。」といいかえてみるとよい。

(3)ことばでいいかえると，「△ABC が正三角形ならば，3 つの内角は等しく，……。」となる。このことを，記号を使った式で表せばよい。

確認　正三角形の定義

3 辺が等しい三角形を正三角形という。

1 【合同な三角形を見分ける】
次のような三角形は，すべて合同であるといえますか。いえれば○，いえなければ × で，
それぞれ答えなさい。

(1) 等しい辺の長さが 7cm の二等辺三角形 　　　　　　　　　〔　　　　　　〕

(2) 2 つの内角が 40° と 90° の三角形 　　　　　　　　　〔　　　　　　〕

(3) 1 辺の長さが 9cm の正三角形 　　　　　　　　　〔　　　　　　〕

ミス注意 (4) 1 つの辺の長さが 5cm で，2 つの内角が 30° と 100° の三角形 　〔　　　　　　〕

2 【合同な図形の性質】
右の図で，四角形 ABCD と四角形 EFGH は合同で，頂点 A と E，B と F，C と G，D と
✓よくでる H がそれぞれ対応しています。このとき，次の問いに答えなさい。

(1) ∠E の大きさは何度ですか。

　　　　　　　　　　　　　　　〔　　　　　　〕

(2) ∠B の大きさを求めなさい。

　　　　　　　　　　　　　　　〔　　　　　　〕

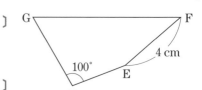

(3) 辺 AB の長さは何 cm ですか。

　　　　　　　　　　　　　　　〔　　　　　　〕

(4) 辺 HE の長さは何 cm ですか。

　　　　　　　　　　　　　　　〔　　　　　　〕

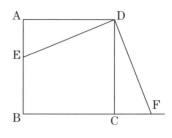

3 【図形の性質と合同な三角形】
右の図で，四角形 ABCD は正方形です。辺 AB 上に点
E，辺 BC の延長線上に点 F を，AE＝CF となるように
とるとき，次の問いに答えなさい。

(1) 合同な三角形はどれとどれですか。記号 ≡ を使って
　表しなさい。

　　　　　　　　　　　　〔　　　　　　〕

(2) (1)で使った三角形の合同条件を答えなさい。

　　　　　　　　　　　　〔　　　　　　〕

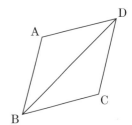

4 【三角形の合同の証明】
右の図の四角形 ABCD で，**AB＝BC＝CD＝DA** のとき，
△**ABD**≡△**CBD** です。これについて，次の問いに答えなさい。

(1) 仮定と結論を，それぞれ書きなさい。
　　・仮定…〔　　　　　　　　　　　　　　　　　　〕
　　・結論…〔　　　　　　　　　　　　　　　　　　〕

√**よくでる**(2) 結論が成り立つことを証明しなさい。

5 【三角形の合同を利用した証明】
下の図で，点 E は線分 AC，BD の交点で，∠B＝∠C，BE＝CE のとき，AE＝DE であ
ミス注意 ることを証明しなさい。

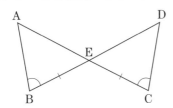

6 【平行線の性質を利用した証明】
下の図で，**AB∥DE，BC∥EF** のとき，∠**ABC**＝∠**DEF** であることを証明しなさい。

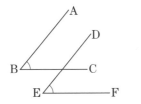

入試レベル問題に挑戦

7 【図形の性質を利用した証明】
右の図のような，正方形 ABCD があります。対角線 BD 上に点 E
をとり，線分 AE の延長が辺 CD と交わる点を F とします。このと
き，次の問いに答えなさい。

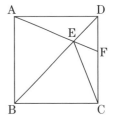

(1) ∠BCE＝∠AFD であることを証明しなさい。

(2) ∠DAF＝22° のとき，∠BEC の大きさを求めなさい。

〔　　　　　　　　　　〕

💡 **ヒント**
(1) AB∥DC より，∠BAE＝∠AFD であることに着目して，∠BAE と∠BCE をそれぞれ角にも
つ 2 つの三角形が合同であることを示す。

定期テスト予想問題 ①

時間 ▶ 50分
解答 ▶ 別冊p.27

得点
／100

1 下の図で，ℓ∥m のとき，∠*x*，∠*y* の大きさを求めなさい。 【5点×4】

(1)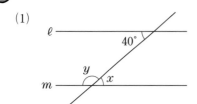

(2)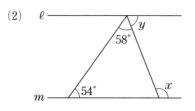

(1)	∠*x*=	∠*y*=
(2)	∠*x*=	∠*y*=

2 次の問いに答えなさい。 【10点×2】

(1) 右の図で，ℓ∥m のとき，∠*x* の大きさを求めなさい。

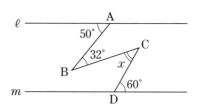

(2) 右の図は，∠A＝80°，∠B＝35° の △ABC を，頂点 A が辺 BC 上の点 F に重なるように，線分 DE を折り目として折ったものです。DE∥BC であるとき，∠CEF の大きさを求めなさい。

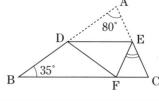

(1)		(2)	

3 次の問いに答えなさい。 【6点×2】

(1) 正十角形の1つの内角の大きさを求めなさい。

(2) 右の図で，∠DCE の大きさを求めなさい。

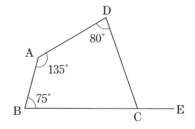

(1)		(2)	

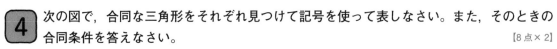

4 次の図で，合同な三角形をそれぞれ見つけて記号を使って表しなさい。また，そのときの合同条件を答えなさい。 【8点×2】

(1)
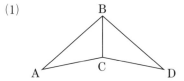
∠ABC＝∠DBC，∠ACB＝∠DCB

(2)
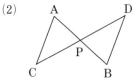
AP＝BP，CP＝DP
点Pは線分AB，CDの交点

(1)	
(2)	

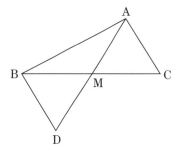

5 右の図で，△ABCの辺BCの中点をMとし，AMの延長上にDM＝AMとなる点Dをとるとき，BD＝CAとなることを証明しなさい。 【10点】

6 下の図で，点Eは線分AD，BCの交点で，ℓ∥m，AE＝DEのとき，AB＝DCであることを証明しなさい。 【10点】

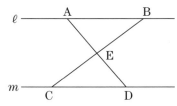

7 右の図のように，AB＝CB，AD＝CDの四角形ABCDがあります。辺AB上の頂点A，Bとは異なる点をE，線分CEと対角線BDの交点をFとし，点Aと点Fを結びます。このとき，∠BFE＝∠AFDであることを証明しなさい。 【12点】

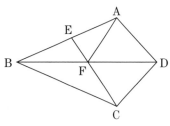

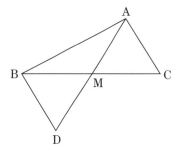

定期テスト予想問題 ②

時間 ▶ 50分
解答 ▶ 別冊 p.28

得点
　　／100

1 次の問いに答えなさい。 【5点×3】

(1) 右の図で，AB//CD であるとき，∠x,
∠y の大きさを求めなさい。

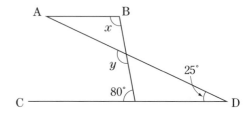

(2) 右の図で，ℓ//m であるとき，∠x の大き
さを求めなさい。

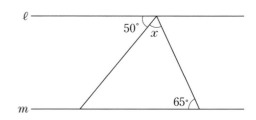

(1)	∠x＝		∠y＝	(2)	∠x＝

2 次の問いに答えなさい。 【5点×3】

(1) 正十二角形の1つの内角の大きさを求めなさい。

(2) 正十角形の1つの外角の大きさを求めなさい。

(3) 内角の和が900°である多角形は，何角形ですか。

(1)		(2)		(3)	

3 右の図で，四角形 ABCD の∠A，∠C の二等分線
の交点を P とします。∠B＝130°，∠D＝60°のとき，
∠APC の大きさを求めなさい。 【10点】

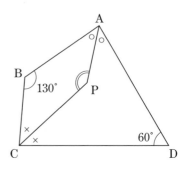

4 右の図は，正三角形 ABC で，辺 BC 上，辺 CA 上に，それぞれ点 D，E を BD＝CE となるようにとり，AD と BE との交点を P としたものです。これについて，次の問いに答えなさい。

【10 点× 3】

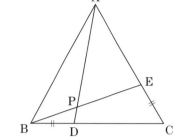

(1) AD＝BE であることを証明するためには，△ABD とどの三角形が合同であることがいえればよいですか。

(2) (1)の 2 つの三角形が合同であることは，どんな合同条件からわかりますか。

(3) ∠APE の大きさを求めなさい。

(1)	(2)	(3)

5 右の図のように，四角形 ABCD の∠A，∠B の二等分線の交点を P とするとき，

$$∠APB＝\frac{1}{2}(∠C＋∠D)$$

であることを証明しなさい。　【15 点】

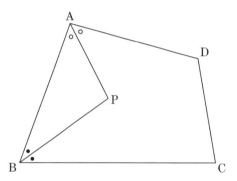

 右の図で，印がついている角の大きさの和を求めなさい。

【15 点】

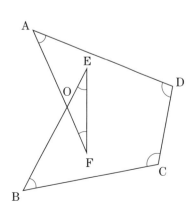

1 三角形

🔗 リンク
ニューコース参考書
中2数学
p.190〜202

攻略のコツ それぞれの三角形の定義や定理を覚え，証明に使えるようにしよう。

テストに出る！**重要ポイント**

● **二等辺三角形**

❶ 二等辺三角形の定義…2辺が等しい三角形

❷ 二等辺三角形の性質（定理）
- 二等辺三角形の底角は等しい。
- 二等辺三角形の頂角の二等分線は，底辺を垂直に2等分する。

❸ 二等辺三角形になるための条件（定理）
2つの角が等しい三角形は，等しい2角を底角とする二等辺三角形である。

● **正三角形**

❶ 正三角形の定義…3辺が等しい三角形

❷ 正三角形の性質（定理）…正三角形の3つの内角は等しい。

❸ 正三角形になるための条件（定理）…△ABC で，
∠A＝∠B＝∠C ならば，△ABC は正三角形である。

● **直角三角形の合同条件（定理）**

❶ 斜辺と1つの鋭角がそれぞれ等しい。
AB＝DE，∠B＝∠E

❷ 斜辺と他の1辺がそれぞれ等しい。
AB＝DE，BC＝EF

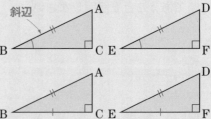

Step 1 基礎力チェック問題

解答▶ 別冊 p.30

1 【二等辺三角形の定理】
右の2つの三角形について答えなさい。

☑ (1) △ABC で，AB＝AC のとき，∠x の大きさを求めなさい。

〔　　　　　〕

☑ (2) (1)のとき，∠y の大きさを求めなさい。

〔　　　　　〕

☑ (3) △DEF で，∠D＝∠E のとき，等しい辺を記号を使って表しなさい。　〔　　　　　〕

☑ (4) (3)で，∠F＝80°のとき，∠E の大きさを求めなさい。　〔　　　　　〕

得点アップアドバイス

1 ……………………

✓ **確認** 二等辺三角形の**性質**

・底角は等しい。
・AB＝AC ならば，∠Bと∠Cが底角になる。

(3) ∠D＝∠E ならば，それらを底角とする二等辺三角形である。

2 【二等辺三角形になるための条件】

次の３つの三角形のうち，二等辺三角形であるものを選びなさい。
また，その三角形の等しい２辺も答えなさい。

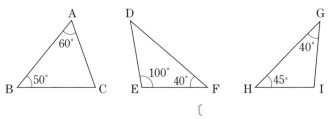

〔　　　　　　　〕　　　　　　〔　　　　　　　〕

3 【二等辺三角形の定理の証明】

定理「二等辺三角形の頂角の二等分線は，底辺を垂直に２等分する」
ことを証明します。次の◻︎にあう記号やことば，数を答えなさい。

〔証明〕　右の△ABC は AB＝AC の二等辺三角
　　　　形で，点 D は，頂角∠A の二等分線と
　　　　辺 BC との交点である。
　　　　△ABD と△ACD において，
　　　　　AB＝AC　（仮定）　　…①
　　　　　AD＝AD　（共通）　　…②
　　　　　∠BAD＝∠ ⑦ 　（仮定）…③
　　　①，②，③より，２組の辺と ◻︎イ◻︎ がそれぞれ等しいから，
　　　　　△ABD≡△ACD
　　　したがって， ◻︎ウ◻︎ ＝CD
　　　また，対応する角は等しいから，∠ADB＝∠ ◻︎エ◻︎ 　…④
　　　さらに，∠ADB＋∠ADC＝ ◻︎オ◻︎ °　　　　　…⑤
　　　④，⑤より，2∠ADB＝180°
　　　したがって，　∠ADB＝ ◻︎カ◻︎ °
　　　すなわち，　　　　AD⊥BC

☑ ⑦〔　　　　　　〕　　☑ ⑦〔　　　　　　〕　　☑ ⑦〔　　　　　　〕
☑ ⑦〔　　　　　　〕　　☑ ⑦〔　　　　　　〕　　☑ ⑦〔　　　　　　〕

3

復習 **仮定と結論**

　ことばで表されている定理の仮定と結論を整理すると，次のようになる。
・仮定…AB＝AC，
　　　　∠BAD＝∠CAD
・結論…BD＝CD，
　　　　AD⊥BC

　したがって，仮定
　　AB＝AC
　　∠BAD＝∠CAD
を使って，結論
　　BD＝CD
　　AD⊥BC
を導けばよい。
AD⊥BC を示すには，
∠ADB＝∠ADC
　　＝90°
であることを示せばよい。

4 【直角三角形の合同条件】

右の２つの直角三角形 ABC，DEF で，
AB＝DE のとき，あとどのような条
件を加えると，**△ABC≡△DEF** とい
えますか。次の◻︎にあてはまる角や
辺を答えなさい。また，そのときの合
同条件も答えなさい。

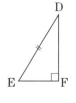

☑ (1)　∠B＝◻︎◻︎◻︎◻︎　　　　　☑ (2)　AC＝◻︎◻︎◻︎◻︎

〔　　　　　　　〕　　　　　　〔　　　　　　　〕

1 【二等辺三角形の角】

下の図で，△ABC はどれも同じ印をつけた辺の長さが等しい二等辺三角形です。それぞれの∠x の大きさを求めなさい。

✓よくでる (1)

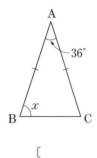

(2)

(3)

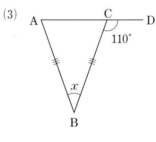

〔　　　　　　〕　　　　　　〔　　　　　　〕　　　　　　〔　　　　　　〕

2 【二等辺三角形と証明】

右の図の△ABC は，AB＝AC の二等辺三角形です。

✓よくでる ∠B，∠C の二等分線が辺 AC，辺 AB と交わる点をそれぞれ D，E とするとき，BD＝CE であることを証明しなさい。

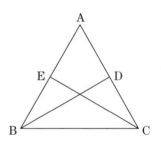

3 【正三角形と証明】

右の図で，△DAC と△ECB が正三角形であるとき，∠EAC＝∠BDC であることを証明しなさい。

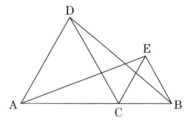

4 【定理の逆とその真偽（しんぎ）】

ミス注意 次のことがらの逆を答えなさい。また，それが正しいかどうかも調べて，正しくないときは反例をあげなさい。

(1) 二等辺三角形の2つの角は等しい。

〔　　　　　　　　　　　　　　　　〕

(2) △ABC≡△DEF ならば，AB＝DE である。

〔　　　　　　　　　　　　　　　　〕

5 【直角三角形の合同条件】

下の図で，合同な直角三角形はどれとどれですか。記号≡を使って表しなさい。また，そのときに使った合同条件も簡単に書きなさい。

(1)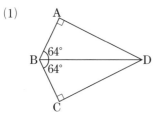

(2)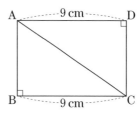

〔　　　　　　　　　　　〕　　　〔　　　　　　　　　　　〕

6 【直角三角形と証明】

右の図のように，∠C＝90°である直角三角形 ABC で，∠A の二等分線と辺 BC との交点 P から辺 AB に垂線 PQ をひきました。このとき，AQ＝AC となることを証明しなさい。

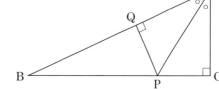

7 【二等辺三角形の頂角】

右の図の△ABC は，AB＝AC の二等辺三角形です。辺 AC 上に点 D をとると，AD＝BD＝BC となりました。このとき，∠A の大きさを求めなさい。

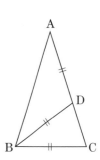

〔　　　　　〕

入試レベル問題に挑戦

8 【図形を折り返してできる三角形】

右の図のように，長方形 ABCD を線分 PQ を折り目として折り返しました。このとき，△PQR は二等辺三角形であることを証明しなさい。

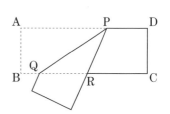

💡 **ヒント**

∠RPQ と∠APQ は，折り返した角だから等しくなる。長方形の向かい合う辺は平行であることから，∠RPQ と等しくなる角を見つけて，2 つの底角が等しいことを証明する。

2 平行四辺形

リンク
ニューコース参考書
中2数学
p.203～214

攻略のコツ 平行四辺形の性質と条件の違いは重要。証明にその性質が活用できる。

テストに出る! 重要ポイント

● 平行四辺形の性質

❶ 平行四辺形の定義…2組の対辺がそれぞれ平行な四角形

❷ 平行四辺形の性質(定理)

(1) 2組の対辺はそれぞれ等しい。

(2) 2組の対角はそれぞれ等しい。

(3) 対角線はそれぞれの中点で交わる。

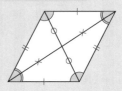

● 平行四辺形に
なるための条件
(定理)

❶ 2組の対辺がそれぞれ平行である。
(定義)

❷ 2組の対辺がそれぞれ等しい。

❸ 2組の対角がそれぞれ等しい。

❹ 対角線がそれぞれの中点で交わる。

❺ 1組の対辺が平行で、その長さが等しい。

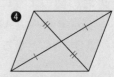

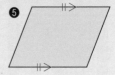

Step 1 基礎力チェック問題

解答 別冊 p.32

1 【平行四辺形の定義と性質】

四角形ABCDについて答えなさい。

☑(1) 四角形 ABCD が平行四辺形であることの定義を、記号を使って表しなさい。
〔　　　　　　　　　　　　　〕

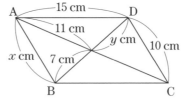

☑(2) 四角形 ABCD が平行四辺形であるとき、x と y の値をそれぞれ求めなさい。
〔$x=$　　　〕　〔$y=$　　　〕

☑(3) (2)のとき、∠BAD と大きさの等しい角を答えなさい。〔　　　　　〕

2 【平行四辺形になるための条件】

四角形 ABCD の辺や角の間に次の関係があるとき、平行四辺形といえるものには○を、いえないものには×をそれぞれつけなさい。

☑(1) ∠A＝∠C＝80°、∠B＝100°
〔　　　〕

☑(2) AB＝AD、∠B＝∠D
〔　　　〕

☑(3) AB＝DC、AD∥BC
〔　　　〕

☑(4) AB＝5 cm、CD＝5 cm、
AB∥CD
〔　　　〕

得点アップアドバイス

1

確認 平行四辺形の定義

2組の対辺がそれぞれ平行な四角形。

定義と性質をきちんと区別して覚えること。

(2)、(3)は、平行四辺形の性質を使って答える。

3 【平行四辺形の性質】

右の図は，平行四辺形 ABCD 内の点 P を通り，辺 AD，辺 AB にそれぞれ平行な直線をひいたものです。これについて，次の問いに答えなさい。

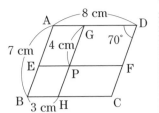

☑ (1) 線分 CF の長さを求めなさい。

〔　　　　　　　　　　〕

☑ (2) 線分 PF の長さを求めなさい。

〔　　　　　　　　　　〕

☑ (3) ∠GHC の大きさを求めなさい。

〔　　　　　　　　　　〕

☑ (4) ∠EPG の大きさを求めなさい。

〔　　　　　　　　　　〕

4 【平行四辺形になるための条件】

右の四角形 ABCD が平行四辺形になるための条件を，それぞれ □ にあてはまる記号を入れて完成させなさい。

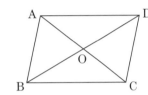

☑ (1) AB∥DC，AD □ BC

〔　　　　　　　　〕

☑ (2) AB＝DC，AD □ BC

〔　　　　　　　　　　〕

☑ (3) ∠DAB＝∠ ① ，∠ABC＝∠ ②

①〔　　　　　〕　　②〔　　　　　　〕

☑ (4) AB＝DC，AB □ DC

〔　　　　　　　　　　〕

☑ (5) AO＝ ① ，BO＝ ②

①〔　　　　　〕　　②〔　　　　　　〕

5 【平行四辺形の角】

右の図の平行四辺形 ABCD で，AB＝AE，DF⊥AE で，∠B＝68° です。これについて，次の問いに答えなさい。

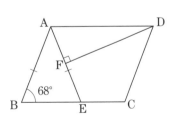

☑ (1) ∠BAE の大きさを求めなさい。

〔　　　　　　　　　　〕

☑ (2) ∠CDF の大きさを求めなさい。

〔　　　　　　　　　　〕

📐 **得点アップアドバイス**

3
AD∥EF∥BC，
AB∥GH∥DC
だから，図中の四角形は，すべて平行四辺形である。

✔確認 **平行四辺形の性質**

① 2組の対辺はそれぞれ等しい。

② 2組の対角はそれぞれ等しい。

③ 対角線はそれぞれの中点で交わる。

(1)〜(4) 平行四辺形の性質①，②を使って求める。

4
平行四辺形になるための条件のうち，どれかが成り立てば，平行四辺形である。

平行四辺形になるための条件を，それぞれ記号を使った式に表せばいいんだね。

5
(1) △ABE は，∠ABE＝∠AEB の二等辺三角形である。

(2) AD∥BC で，∠DAE と∠BEA は錯角なので等しいことから，△ADF の内角を考える。

1 【平行四辺形の角】
次のそれぞれの四角形 **ABCD** は，どれも平行四辺形です。それぞれ∠x の大きさを求めなさい。

✓よくでる (1)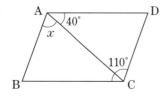

(2)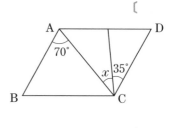

〔　　　　　　〕　　　　　　　　　　〔　　　　　　〕

(3)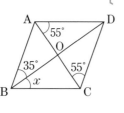

(4)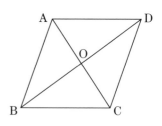

〔　　　　　　〕　　　　　　　　　　〔　　　　　　〕

2 【平行四辺形の性質の証明】
「平行四辺形の対角線は，それぞれの中点で交わる。」と
✓よくでる いう性質を証明します。

右の図のように，平行四辺形 **ABCD** の対角線の交点を
O とするとき，**OA＝OC**，**OB＝OD** であることを，次の
ように証明しました。次の(1)にはあてはまる辺の関係を，
(2)には角の関係を，(3)には合同になる条件を，(4)には合
同の関係を，それぞれ答えなさい。

〔証明〕　△OAB と△OCD において，
　　　　　平行四辺形の対辺はそれぞれ等しいから，
　　　　　　　　　┌─────────┐
　　　　　　　　　│　　(1)　　│　　　　　……①
　　　　　　　　　└─────────┘
　　　　　AB//DC で，平行線の錯角は等しいから，
　　　　　　　　∠OAB＝∠OCD　　　　　……②
　　　　　　　　┌─────────┐
　　　　　　　　│　　(2)　　│　　　　　……③
　　　　　　　　└─────────┘
　　　　　①，②，③より，┌─────────┐がそれぞれ等しいから，
　　　　　　　　　　　　　│　　(3)　　│
　　　　　　　　　　　　　└─────────┘
　　　　　　　　┌─────────┐
　　　　　　　　│　　(4)　　│
　　　　　　　　└─────────┘
　　　　　したがって，**OA＝OC**，**OB＝OD** である。

　　　　　(1)〔　　　　　　　　　　〕　　(2)〔　　　　　　　　　　〕
　　　　　(3)〔　　　　　　　　　　〕　　(4)〔　　　　　　　　　　〕

3 【身のまわりの平行四辺形】

右の図1は折りたたみ式のアイロン台で，衣類をのせる台と床の
面がいつも平行になっています。図2はアイロン台を横からみた
もので，2本の脚は点Oで固定され，AC＝BDで，点OはAC
とBDの中点になっています。このことから，衣類をのせる台と
床が平行になる理由を証明しなさい。

図1

図2

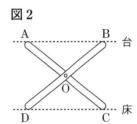

4 【平行四辺形の性質を利用した証明】

右の図のように，平行四辺形 ABCD の辺 BC 上に
AP＝AB となる点 P をとります。
このとき，AC＝PD であることを証明しなさい。

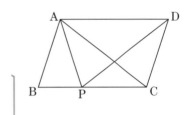

入試レベル問題に挑戦

5 【平行四辺形であることの証明】

平行四辺形 ABCD で，∠A，∠C の二等分線が辺 DC，
辺 AB と交わる点をそれぞれ E，F とするとき，四角
形 AFCE が平行四辺形であることを証明しなさい。

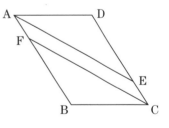

💡 **ヒント**

AF∥EC で，1組の対辺が平行になっているので，もう1組の対辺が平行であることがいえれば，
四角形 AFCE が平行四辺形であることがいえる。

3 特別な平行四辺形と面積

リンク
ニューコース参考書
中2数学
p.215〜225

攻略のコツ 平行線と面積の関係を使って，等積変形をして求めることがポイント。

テストに出る！ 重要ポイント

● **特別な平行四辺形の性質**	長方形，ひし形，正方形は，平行四辺形の特別な場合で，平行四辺形の性質のほかに，次のような性質がある。 ❶ 長方形の対角線の長さは等しい。 ❷ ひし形の対角線は，垂直に交わる。 ❸ 正方形の対角線は，長さが等しく，垂直に交わる。

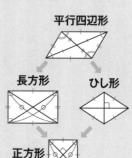

● **平行線と距離**	1組の平行線 ℓ, m があり，ℓ 上の2点 P，Q から垂線 PA，QB をひくと，PA＝QB が成り立つ。つまり，平行線間の距離は一定である。

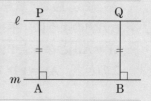

● **平行線と面積**	右の図のように，△PAB と△QAB の頂点 P，Q が，直線 AB に関して同じ側にあるとき， ❶ PQ//AB ならば，△PAB＝△QAB ❷ △PAB＝△QAB ならば，PQ//AB

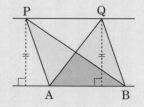

Step 1 基礎力チェック問題

解答 別冊 p.33

1 【特別な平行四辺形】
次の条件を満たす四角形の名前を1つ答えなさい。

☑ (1) 1つの角が直角である平行四辺形

〔　　　　　　　〕

☑ (2) となり合う辺の長さが等しい平行四辺形

〔　　　　　　　〕

☑ (3) 対角線の長さが等しく，垂直に交わる平行四辺形

〔　　　　　　　〕

☑ (4) 対角線が垂直に交わる平行四辺形

〔　　　　　　　〕

☑ (5) 対角線の長さが等しい平行四辺形

〔　　　　　　　〕

得点アップアドバイス

1

復習 四角形の定義

・**長方形**…4つの角がすべて等しい四角形。
・**ひし形**…4つの辺がすべて等しい四角形。
・**正方形**…4つの辺，4つの角がすべて等しい四角形。
　これらの四角形は，すべて平行四辺形の性質ももつ。

2 【平行線と距離の定理の逆】

右の図を使って，「2直線間の距離が一定であれば，その2直線は平行である。」ことを証明します。次の□□にあてはまる数や記号を答えなさい。

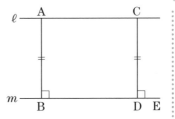

〔証明〕　直線 ℓ から直線 m へ2つの垂線
AB，CD をひき，AB=CD とすると，

$$\angle ABD = \angle CDE = \boxed{\quad (1) \quad}^{\circ}$$

よって，同位角が等しいから，AB $\boxed{(2)}$ CD

1組の対辺が平行で，その長さが等しいことから，四角形 ABDC は平行四辺形(長方形)である。すなわち，$\ell /\!/ m$ である。

☑ (1)〔　　　　　　　〕　　☑ (2)〔　　　　　　　〕

3 【平行線と面積】

次の問いに答えなさい。

☑ (1)　右の図で，$\ell /\!/ m$，BC=DE のとき，△ADE と面積が等しい三角形を，すべて答えなさい。

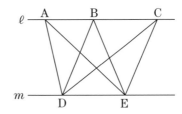

〔　　　　　　　　　　　〕

☑ (2)　右の図で，四角形 ABCD は平行四辺形です。△ABC と面積が等しい三角形を，すべて答えなさい。

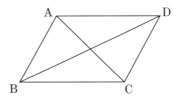

〔　　　　　　　　　　　〕

4 【等積変形】

右の図は，四角形 ABCD の頂点 A を通り，対角線 BD に平行な直線 ℓ と，辺 CB を延長した直線との交点を E としたものです。このとき，次の図形を答えなさい。

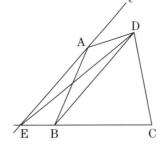

☑ (1)　△ABD と面積の等しい三角形

〔　　　　　　　　　　　〕

☑ (2)　四角形 ABCD と面積の等しい三角形

〔　　　　　　　　　　　〕

得点アップアドバイス

2

🔄 **復習** 定理の逆

　ある定理の仮定と結論を入れかえたものを，その定理の逆という。

　この場合には，「2直線が平行であれば，その間の距離は一定である」という定理の逆を証明する。

(1)　仮定から，
　　AB=CD
　　∠ABD＝∠CDE(直角)

3

✔ **確認** 図形の面積の表し方

　△ADE＝△BDE は，△ADE の面積と△BDE の面積が等しいことを表す。

📝 **テストで注意** 三角形を見落とさない！

　底辺が等しく，高さも等しい三角形を，すべて見つけること。

(1)　まず，底辺が DE の三角形をすべて見つけ，さらに，BC=DE だから，底辺が BC の三角形もさがす。

4

✔ **確認** 等積変形

　ある図形の面積を変えずに，形だけ変えることを等積変形という。

(1)　直線 ℓ と対角線 BD が平行であることから，平行線と面積の関係を使う。

(2)　四角形 ABCD の面積は，△ABD と△DBC の和である。(1)の結果と△DBC が共通部分である三角形を考える。

5章／図形の性質

3　特別な平行四辺形と面積

1 【特別な平行四辺形の性質】

平行四辺形 ABCD に次の条件が加わると，それぞれ，どんな四角形になりますか。ただし，O は対角線の交点とします。

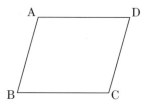

(1)　∠ABD＝∠CBD

　　　　　　　　　〔　　　　　　　〕

(2)　AO＝DO

　　　　　　　　　〔　　　　　　　〕

(3)　∠A＝90°，∠BOA＝90°

　　　　　　　　　〔　　　　　　　〕

2 【長方形と正三角形】

ミス注意　右の図のように，長方形 ABCD の内側に正三角形 PBC をとります。P と A，P と D を結ぶとき，△ABP≡△DCP であることを証明しなさい。

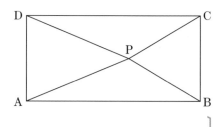

3 【台形内の三角形の面積の証明】

✓よくでる　右の図で，四角形 ABCD は AB∥DC の台形で，点 O は対角線の交点です。このとき，△AOD＝△BOC であることを証明しなさい。

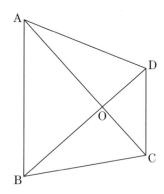

4 【平行四辺形内の三角形の面積の証明】

✓よくでる　下の図のように，平行四辺形 ABCD の対角線 AC に平行な直線が辺 AB，辺 BC と交わる点をそれぞれ P，Q とするとき，△APD＝△DQC であることを証明しなさい。

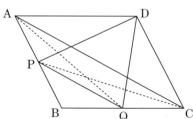

5 【四角形の等積変形と二等分線】

四角形 ABCD の辺 BC 上に点 P をとり，直線 AP をひいて四角形 ABCD の面積を 2 等分することを考えます。これについて，次の問いに答えなさい。

(1) 辺 BC の延長上に点 E をとり，四角形 ABCD と面積が等しい△ABE を下の図にかきなさい。

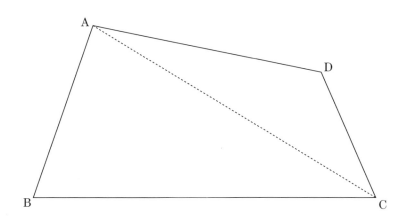

(2) (1)の図を使って，直線 AP をひきなさい。

入試レベル問題に挑戦

6 【平行四辺形の内部の点と面積の証明】

右の図のように，平行四辺形 ABCD の内部の点 P をとり，点 P と頂点 A，B，C，D をそれぞれ結びます。このとき，△ABP の面積と△CDP の面積の和は，平行四辺形 ABCD の面積の半分になることを証明しなさい。

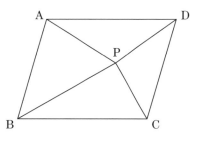

> 💡 ヒント
>
> 点 P を通り，辺 AB，DC に平行な直線を補助線としてひく。その直線が辺 AD，BC に交わる点をそれぞれ E，F とし，△ABP，△CDP を△ABE，△CDE に変えて証明する。

定期テスト予想問題 ①

時間 ▶ 50分
解答 ▶ 別冊p.35

得点 ＿＿＿／100

1 次のことがらのうち，つねに正しいものには○を，そうでないものには×をそれぞれつけなさい。 【5点×5】

(1) 1つの角が60°の二等辺三角形は，正三角形である。

(2) ∠C＝90°の直角三角形ABCで，斜辺ABの中点をMとし，Mを中心として半径AMの円をかくと，その円は頂点Cを通る。

(3) 対角線の長さが等しく，対角線が垂直に交わる四角形は，正方形である。

(4) 1つの内角が直角である四角形は，長方形である。

(5) 平行四辺形ABCDで，対角線BDをひいたとき，∠ABD＝∠CBDであれば，四角形ABCDはひし形である。

(1)		(2)		(3)		(4)		(5)	

2 下の図で，(1), (2)の△ABCは二等辺三角形，(3), (4)の四角形ABCDは平行四辺形です。それぞれ∠xの大きさを求めなさい。 【5点×4】

(1)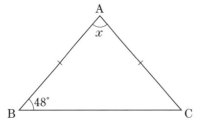

(2)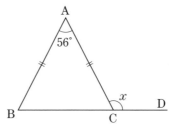

(3)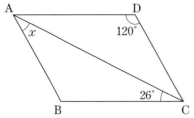

(4)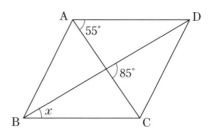

(1)		(2)	
(3)		(4)	

3 右の図のように，AB＝AC の二等辺三角形 ABC の頂点 B，C からそれぞれの対辺 AC，AB に垂線をひいて，AC，AB と交わる点を D，E，BD と CE との交点を P とします。
このとき，PB＝PC であることを証明しなさい。　【15点】

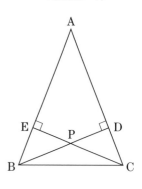

4 ∠C＝90° の直角二等辺三角形 ABC があります。右の図のように，斜辺 AB 上に点 D をとり，さらに三角形 ABC の外側に，線分 CD に垂直な線分 CE をひき，CE＝CD となるように点 E をとります。
このとき，∠BAC＝∠EAC となることを証明しなさい。
【15点】

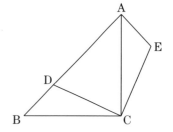

5 平行四辺形 ABCD の∠A，∠B の二等分線が，辺 BC，辺 AD，辺 CD の延長と，右の図のように，E，H，F，G で交わっています。
このとき，CF＝DG であることを証明しなさい。　【15点】

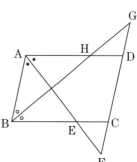

6 右の図で，ℓ∥m であるとき，
　　△ABE＝△DCE
であることを証明しなさい。　【10点】

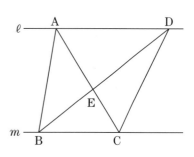

定期テスト予想問題 ②

1 次のことがらの逆を答えなさい。また，それが正しいかどうかも調べて，正しくないときは反例をあげなさい。 【8点×3】

(1) 2直線が平行ならば，同位角は等しい。

(2) x が自然数ならば，$x>0$ である。

(3) 四角形 ABCD がひし形ならば，AC⊥BD である。

(1)	
(2)	
(3)	

2 次の問いに答えなさい。 【8点×2】

(1) 頂角と1つの底角の大きさの比が5:2である二等辺三角形の，1つの底角の大きさを求めなさい。

(2) 右の平行四辺形 ABCD の4つの頂点における外角を，それぞれ2等分する直線が交わってできる図形の名前を答えなさい。

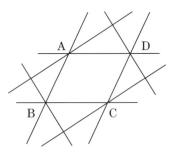

(1)		(2)	

3 右の図のように，正方形 ABCD の辺 AB を1辺とする正三角形 ABP を，正方形の外側につくります。
このとき，∠x，∠y の大きさをそれぞれ求めなさい。 【8点×2】

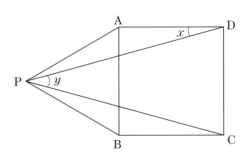

∠$x=$		∠$y=$	

4 長方形 ABCD の辺 AD の中点を M とし，図のように，対角線 AC 上に ME＝MA となる点 E をとると，BA＝BE となりました。AD＝x cm，∠ABM＝a° として，次の問いに答えなさい。 【7点×2】

(1) 線分 ME の長さを，x を用いて表しなさい。

(2) ∠ACD の大きさを，a を用いて表しなさい。

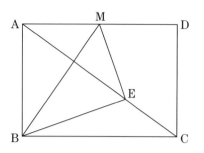

(1)	(2)	

5 右の図のように，正方形 ABCD の頂点 A を通る直線 ℓ に，垂線 BE，DF をひくとき，BE＋DF＝EF であることを証明しなさい。 【10点】

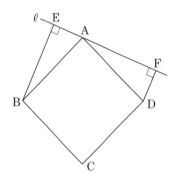

6 右の図において，四角形 ABCD は正方形で，点 E は辺 AB 上の点，点 F は線分 DE の延長と辺 CB の延長との交点です。
頂点 A，C から線分 DE にそれぞれ垂線 AG，CH をひいたとき，AG＝EB であれば，CH＝FB であることを証明しなさい。 【10点】

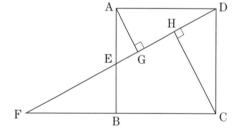

7 右の図の△ABC の，辺 AB 上の点 P を通って，△ABC の面積を 2 等分する直線 PQ をひきなさい。ただし，点 Q は辺 BC 上にあるものとします。 【10点】

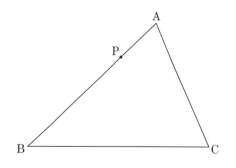

1 確率の求め方

リンク
ニューコース参考書
中2数学
p.234～247

攻略のコツ くじや玉などに番号をつけ，それぞれ区別して場合分けをして考える。

テストに出る! **重要ポイント**

● **確率の求め方**　確率の求め方…起こりうる場合が全部で n 通りあり，そのどれが起こることも同様に確からしいとする。そのうち，ことがら A の起こる場合が a 通りあるとき，

ことがら A の起こる確率 $p = \dfrac{a}{n}$

● **確率の性質**

❶ **確率の範囲**…あることがらの起こる確率を p とすると，p の値の範囲は，$0 \leqq p \leqq 1$

❷ **必ず起こる確率**…必ず起こることがらの確率は 1

❸ **決して起こらない確率**…決して起こらないことがらの確率は 0

例 $\boxed{1}$, $\boxed{2}$, $\boxed{3}$, $\boxed{4}$ の4枚のカードから1枚をひくとき，

・カードの数字が4以下である確率 ➡ 1

・カードの数字が5以上である確率 ➡ 0

❹ **起こらない確率**…ことがら A の起こる確率を p とすると，

（A の起こらない確率）$= 1 - p$

例 $\boxed{1}$, $\boxed{2}$, $\boxed{3}$, $\boxed{4}$ の4枚のカードから1枚をひくとき，

・カードの数字が1である確率 ➡ $\dfrac{1}{4}$

・カードの数字が1でない確率 ➡ $1 - \dfrac{1}{4} = \dfrac{3}{4}$

Step 1　基礎力チェック問題

解答 別冊 p.38

1 【確率の求め方】
次の問いに答えなさい。

☑ (1)　10本のうち，3本の当たりくじがあるくじを1本ひくとき，当たりくじである確率を求めなさい。

〔　　　　　　〕

(2)　赤玉2個，白玉3個がはいった袋があります。この袋から玉を1個取り出すとき，次の確率を求めなさい。

☑ ①　赤玉が出る確率

〔　　　　　　〕

☑ ②　白玉が出る確率

〔　　　　　　〕

得点アップアドバイス

1

(1) くじは10本あるので，1本ひくとき，すべての場合は10通り。そのうち，当たりくじをひく場合は3通りある。

2 【樹形図を使った確率の求め方】

右の図は，3枚の硬貨A，B，Cを投げる場合を，表が出る場合は○，裏が出る場合は×として表した樹形図です。これについて，次の問いに答えなさい。

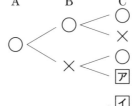

☑ (1) 図のア〜ウにあてはまる○か×を答えなさい。

　ア〔　　　　　　〕　イ〔　　　　　　〕
　ウ〔　　　　　　〕

☑ (2) 3枚とも表が出る確率を求めなさい。

〔　　　　　　〕

☑ (3) 3枚のうち少なくとも1枚は表が出る確率を求めなさい。

〔　　　　　　〕

3 【くじをひくときの確率】

4本のうち2本の当たりくじがはいっているくじがあります。このくじを，まずAが1本ひき，続いてBが1本ひくとき，次の確率を求めなさい。

☑ (1) Bが当たる確率

〔　　　　　　〕

☑ (2) AとBの両方がはずれくじをひく確率

〔　　　　　　〕

☑ (3) 少なくともA，Bのどちらかが当たる確率

〔　　　　　　〕

4 【確率の応用】

右の図のように，数直線上を動く点Pがあります。点Pははじめ原点(0の位置)にあります。1個のさいころを投げるとき，点Pは，次のように連続して動くものとします。

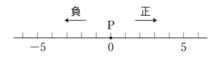

・偶数の目が出たときは，正の方向に目の数と同じ距離だけ動く。
・奇数の目が出たときは，負の方向に目の数と同じ距離だけ動く。

このとき，次の問いに答えなさい。

☑ (1) さいころを1回投げるとき，点Pの位置が負の数の位置にある確率を求めなさい。

〔　　　　　　〕

☑ (2) さいころを2回投げるとき，原点からの距離がいちばん大きい場合の点Pの位置を求めなさい。

〔　　　　　　〕

☑ (3) さいころを2回投げるとき，点Pが−3の位置にある確率を求めなさい。

〔　　　　　　〕

得点アップアドバイス

2

確認 **樹形図**

　左の図のように，枝分かれしていく図を樹形図という。

(2) 樹形図より，すべての場合の数は8通り。そのうち，3枚とも表が出るのは，いちばん上の1通りだけである。

(3) ○が1つ以上ある場合をすべて選ぶ。

3

確認 **くじに番号をつけて場合分けする！**

(1) 当たりくじを①，②，はずれくじを3，4として樹形図に表すと，

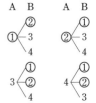

　これから，Bが当たる場合は，12通り中6通り。

(3) 「少なくともA，Bのどちらかが当たる」＝「『A，Bの両方ともがはずれ』ではない」なので，(2)の「両方はずれ」が起こらない確率である。

4

確認 **「点の動き方」→「目の出方」の順**

(1) 点の動き方の条件は，
・偶数の目→正の方向に目の数だけ動く。
・奇数の目→負の方向に目の数だけ動く。
　さいころを1回投げるとき，点Pが負の数の位置にある場合は，さいころの目が
　1，3，5の3通り。

1 【いろいろな確率の求め方】
次の問いに答えなさい。

(1) 100 本のくじの中に，当たりくじが 20 本あります。くじを 1 本ひくとき，当たりくじである確率を求めなさい。

〔　　　　　〕

✓よくでる (2) 1 から 10 までの数が 1 つずつ書かれた 10 枚のカードがあります。このカードをよくきって，1 枚ひきます。このとき，書かれた数が 3 の倍数である確率を求めなさい。

〔　　　　　〕

(3) 1 個のさいころを投げるとき，奇数の目が出る確率を求めなさい。

〔　　　　　〕

ミス注意 (4) 2 枚の百円硬貨を同時に投げるとき，2 枚とも裏が出る確率を求めなさい。

〔　　　　　〕

2 【じゃんけんと確率】
A，B の 2 人がじゃんけんを 1 回します。A，B がグー，チョキ，パーのどれを出すことも同様に確からしいものとするとき，次の問いに答えなさい。

(1) A，B のグー，チョキ，パーの出し方は，全部で何通りありますか。

〔　　　　　〕

(2) あいこになる確率を求めなさい。

〔　　　　　〕

(3) B が勝つ確率を求めなさい。

〔　　　　　〕

ミス注意 (4) A が負けない確率を求めなさい。

〔　　　　　〕

3 【数字カードを選ぶ確率】
次の問いに答えなさい。

(1) 1，2，3，4，5 の数字が 1 つずつ書かれた 5 枚のカード 1, 2, 3, 4, 5 があります。このカードをよくきって，1 枚ずつ続けて 2 回ひき，ひいた順に並べて 2 けたの整数をつくります。このときできる整数について答えなさい。
① 2 けたの整数が 20 以下になる確率を求めなさい。

〔　　　　　〕

② 2 けたの整数が 40 以上になる確率を求めなさい。

〔　　　　　〕

(2) 7，8，9，0 の数字が 1 つずつ書かれた 4 枚のカード 7, 8, 9, 0 があります。この 4 枚のカードをよくきって，同時に 2 枚取り出すとき，書かれている数の積が 0 になる確率を求めなさい。

〔　　　　　〕

4 【当番を選ぶ場合の確率】

A，B，C，D，E の 5 人の中からくじびきで 2 人の当番を決めるとき，次の問いに答えなさい。

(1) 5 人の中から 2 人の当番を選ぶ選び方は，全部で何通りありますか。

〔　　　　　〕

✓よくでる (2) くじびきで選んだ当番に D が含（ふく）まれる確率を求めなさい。

〔　　　　　〕

5 【数直線と確率】

右の図のように，数直線上の原点(0 の位置)に点 P があります。点 P を，さいころを投げて，偶数の目が出たら正の方向に出た目の数だけ移動させ，奇数の目が出たら負の方向に出た目の数だけ移動させます。さいころを 2 回投げるとき，点 P がくる位置に対応する数を x として，次の確率を求めなさい。

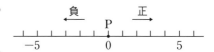

(1) $x=3$ となる確率

〔　　　　　〕

(2) $-8 \leqq x \leqq -2$ となる確率

〔　　　　　〕

入試レベル問題に挑戦

6 【図形と確率】

思考

右の図のように，円周を 6 等分する点 A，B，C，D，E，F があります。また，袋の中には，A，B，C，D，E，F と 1 つずつ書かれた 6 枚のカードがはいっています。

いま，この袋の中から，同時に 2 枚のカードを取り出し，そのカードに書かれている円周上の 2 点をとってそれらを結ぶ線分をひくとき，その線分が円の面積を 2 等分する確率を求めなさい。

ただし，どのカードが取り出されることも同様に確からしいものとします。

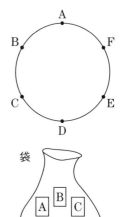

袋

〔　　　　　〕

💡 ヒント

円周上の 2 点を結ぶ線分が円の面積を 2 等分するのは，その線分が円の直径になる場合である。

定期テスト予想問題

時間 ▶ 50分
解答 ▶ 別冊 p.39

得点

／100

1 1から100までの数が1つずつ書かれた100枚のカードがあります。このカードをよくきって，この中から1枚をひくとき，次の確率を求めなさい。 【5点×6】

(1) ひいたカードに書かれた数が偶数である確率

(2) ひいたカードに書かれた数が，30以下である確率

(3) ひいたカードに書かれた数が，3の倍数である確率

(4) ひいたカードに書かれた数が，101である確率

(5) ひいたカードに書かれた数が，100までの自然数である確率

(6) ひいたカードに書かれた数が，5の倍数ではない確率

(1)		(2)		(3)	
(4)		(5)		(6)	

2 袋の中に，4個の白玉と2個の赤玉がはいっています。この中から玉を1個取り出し，それを袋にもどさずにもう1個玉を取り出します。このとき，次の確率を求めなさい。

【5点×3】

(1) 取り出した2個とも赤玉である確率

(2) 取り出した2個とも白玉である確率

(3) 取り出した2個のうち，少なくとも1個は赤玉である確率

(1)		(2)		(3)	

3 A，B，Cの3人で，じゃんけんを1回します。3人がグー，チョキ，パーを出すことは同様に確からしいとするとき，次の確率を求めなさい。 【5点×3】

(1) AとBが勝つ確率

(2) Aだけが負ける確率

(3) あいこにならない確率

(1)		(2)		(3)	

4 A，Bの2つのさいころを同時に投げて，Aのさいころの出た目の数を a，Bのさいころの出た目の数を b とします。このとき，次の確率を求めなさい。ただし，2つのさいころはともに，1から6までのどの目の出ることも同様に確からしいものとします。　【8点×3】

(1)　$a+b$ の値が3以下の確率

(2)　$a×b$ の値が奇数になる確率

(3)　$3a+b$ が5の倍数になる確率

(1)		(2)		(3)	

 5 次の文章を読んで，下の(1)，(2)の問いに答えなさい。　【8点×2】

> 右の図のように，円周を12等分した目もりがついた円盤があり，目もりの1つを0とします。0以外の目もりは，0の右どなりの目もりから右まわりに順に1，2，3，4，5とし，0の左どなりの目もりから左まわりに順に1，2，3，4，5とします。また，円盤の中心に対して0と反対側の目もりは6とします。
>
>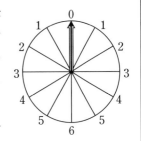
>
> さらに，この円盤の中心には同じ長さの黒い針と白い針が1つずつついていて，その先はともに0をさしています。また，黒い針は右まわりに6の目もりまで，白い針は左まわりに6の目もりまで回すことができます。
>
> 大，小2つのさいころを同時に1回投げ，出た目の数によって，次の①，②の操作を順に行い，2つの針のつくる角をはかることにします。
>
> ①　大きいさいころの出た目の数と同じ数の目もりまで，黒い針を右まわりに回す。
> ②　小さいさいころの出た目の数と同じ数の目もりまで，白い針を左まわりに回す。
>
> たとえば，大きいさいころの出た目の数が2，小さいさいころの出た目の数が5のとき，
>
> ①　黒い針を右まわりに2まで回す。
> ②　白い針を左まわりに5まで回す。
>
>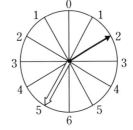
>
> この結果，右の図のようになり，2つの針のつくる小さいほうの角は150°となります。
>
> いま，2つの針の先がともに0をさしている状態で，大，小2つのさいころを同時に1回投げることとします。

(1)　2つの針のつくる角が，180°になる確率を求めなさい。

(2)　2つの針のつくる小さいほうの角が，30°以上120°以下となる確率を求めなさい。

(1)		(2)	

1 箱ひげ図

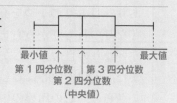

リンク
ニューコース参考書
中2数学
p.254～259

攻略のコツ ばらばらのデータは値の小さい順に並べかえて，四分位数を求める。

テストに出る！ **重要ポイント**

● **四分位数**
データを小さい順に並べ，全体を4等分する位置にくる値のこと。中央値を境に前半と後半に分けたとき，前半のデータの中央値を第1四分位数，データ全体の中央値を第2四分位数，後半のデータの中央値を第3四分位数という。

● **四分位範囲**
（四分位範囲）＝（第3四分位数）−（第1四分位数）

● **箱ひげ図**
データの最小値・最大値，四分位数を用いて分布のようすを表した図を**箱ひげ図**という。

Step 1 基礎力チェック問題

解答 別冊 p.41

1 【四分位数と四分位範囲】
次のデータは，1組の男子生徒11人の握力検査の記録です。下の問いに答えなさい。

27	39	30	23	37	36
34	26	19	34	33	

(kg)

☑(1) 最小値と最大値をそれぞれ求めなさい。

最小値〔　　　　〕

最大値〔　　　　〕

☑(2) 四分位数を求めなさい。

第1四分位数〔　　　　〕

第2四分位数〔　　　　〕

第3四分位数〔　　　　〕

☑(3) 範囲を求めなさい。

〔　　　　〕

☑(4) 四分位範囲を求めなさい。

〔　　　　〕

得点アップアドバイス

1

確認 **データの個数と中央値**

データの値を大きさの順に並べたとき，その中央の値を中央値という。

・データの個数が偶数の場合→中央に並ぶ2つの値の平均が中央値

中央値
この2つの値の平均

・データの個数が奇数の場合→真ん中の値が中央値

中央値

(3)（範囲）
＝（最大値）−（最小値）

2 【四分位数と箱ひげ図】

次のデータは，2組の生徒12人の先週1週間の部活動の時間を短い順に並べたものです。下の問いに答えなさい。

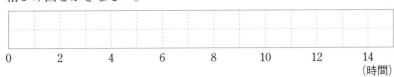

| 1 | 1 | 2 | 4 | 5 | 5 | 7 | 8 | 9 | 11 | 13 | 14 |

(時間)

☑(1) 四分位数を求めなさい。

第1四分位数 〔　　　　　　〕
第2四分位数 〔　　　　　　〕
第3四分位数 〔　　　　　　〕

☑(2) 箱ひげ図をかきなさい。

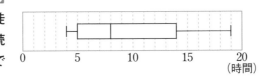

0　　2　　4　　6　　8　　10　　12　　14
(時間)

☑**3** 【箱ひげ図の読み取り】

右の箱ひげ図は，生徒40人の1か月間の読書時間を表したものです。下の⑦～⑤のうち，

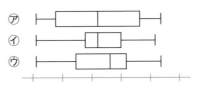

0　　5　　10　　15　　20
(時間)

この図から読み取れることとして正しいものをすべて選び，記号で答えなさい。

⑦ 第1四分位数は1時間である。

⑦ 四分位範囲は9時間である。

⑦ およそ半数以上の人が8時間以上読書をしている。

⑤ 平均値は8時間である。　　　　　〔　　　　　　　〕

4 【ヒストグラムと箱ひげ図】

下の(1)～(3)のヒストグラムは，右の箱ひげ図のいずれかに対応しています。それぞれのヒストグラムに対応している箱ひげ図の記号を答えなさい。

⑦
⑦
⑦

☑(1)

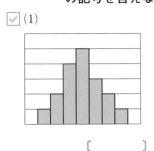

〔　　　　〕

☑(2)

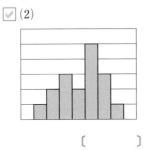

〔　　　　〕

☑(3)

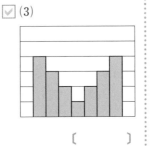

〔　　　　〕

1 【四分位数と四分位範囲】
次のデータは，1 組の生徒 12 人のハンドボール投げの記録です。下の問いに答えなさい。

26	18	20	19	35	14
32	29	20	15	30	16	(m)

(1) 最小値と最大値をそれぞれ求めなさい。

　　　　　　　　　　　　　　最小値 〔　　　　　〕　最大値 〔　　　　　〕

✓よくでる (2) 四分位数を求めなさい。　　　　　第 1 四分位数 〔　　　　　〕

　　　　　　　　　　　　　　　　　　　第 2 四分位数 〔　　　　　〕

　　　　　　　　　　　　　　　　　　　第 3 四分位数 〔　　　　　〕

(3) 範囲を求めなさい。　　　　　　　　　　　　　　〔　　　　　〕

(4) 四分位範囲を求めなさい。　　　　　　　　　　　〔　　　　　〕

2 【四分位数と箱ひげ図】
次のデータは，2 組の生徒 13 人の片道の通学時間を短い順に並べたものです。下の問いに答えなさい。

5	7	9	11	12	16	20	22	24	25	27	28	30

(分)

(1) 四分位数を求めなさい。　　　　　　第 1 四分位数 〔　　　　　〕

　　　　　　　　　　　　　　　　　　　第 2 四分位数 〔　　　　　〕

　　　　　　　　　　　　　　　　　　　第 3 四分位数 〔　　　　　〕

✓よくでる (2) 箱ひげ図をかきなさい。

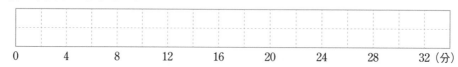

0　　4　　8　　12　　16　　20　　24　　28　　32 (分)

3 【箱ひげ図の読み取り】
右の図は，ある中学校の生徒 200 人の立ち幅
✓よくでる 跳びの記録を箱ひげ図に表したものです。下の
㋐〜㋓のうち，この図から読み取れることとして正しいものを 1 つ選び，記号で答えなさい。

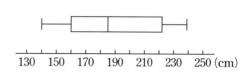

130　150　170　190　210　230　250 (cm)

㋐　記録が 160 cm の生徒がいる。

㋑　記録が 170 cm 未満の生徒は 60 人いる。

㋒　記録が 190 cm 未満の生徒は 100 人以上いる。

㋓　記録が 190 cm 以上の生徒は半数以上いる。

〔　　　　　〕

4 【ヒストグラムと箱ひげ図】

下の(1)～(4)のヒストグラムは，右下の箱ひげ図のいずれかに対応しています。それぞれのヒストグラムに対応している箱ひげ図の記号を答えなさい。

(1)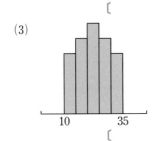

(2)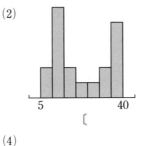

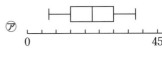

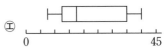

(3)

(4)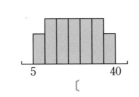

5 【データの分布の比較】

右の箱ひげ図は，A グループの生徒 16 人と B グループの生徒 15 人の，先月読んだ本の冊数を表したものです。次の問いに答えなさい。

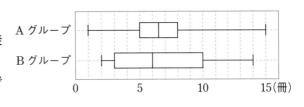

(1) 読んだ冊数が 7 冊以上の生徒が 8 人以上いるのはどちらのグループですか。そのように考えた理由も答えなさい。

(2) 中央値付近の散らばりの度合いが大きいのはどちらのグループですか。そのように考えた理由も答えなさい。

 ヒント

(1) A グループはデータの数が 16 なので，中央値は大きいほうから 8 番目と 9 番目の平均値である。また，B グループはデータの数が 15 だから，中央値は大きいほうから 8 番目の値になる。

定期テスト予想問題

時間 ▶ 50分
解答 ▶ 別冊 p.42

得点
/100

1 次のデータは，ある店で最近13日間に売れたカレーパンの個数を調べたものです。下の問いに答えなさい。

【(1)〜(3) 4点×6，(4) 6点】

41	38	52	39	44	28	51
36	43	29	38	32	50	

(個)

(1) 最小値と最大値をそれぞれ求めなさい。

(2) 四分位数を求めなさい。

(3) 四分位範囲を求めなさい。

(4) 箱ひげ図をかきなさい。

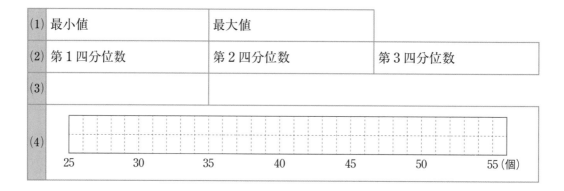

(1)	最小値		最大値			
(2)	第1四分位数		第2四分位数		第3四分位数	
(3)						
(4)	25　　　30　　　35　　　40　　　45　　　50　　　55 (個)					

2 右の箱ひげ図は，**A中学校**，**B中学校**のそれぞれの生徒200人の身長の分布を表しています。この箱ひげ図から読み取れることとして正しければ○，正しくなければ×を書きなさい。

【5点×5】

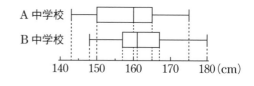

(1) A中学校では，150 cm 以上 160 cm 未満の生徒が 160 cm 以上 165 cm 未満の生徒の約2倍いる。

(2) 140 cm 台の生徒は，A中学校にはいるが，B中学校にはいない。

(3) 155 cm 以下の生徒は，A中学校では50人以上いるが，B中学校では50人以下である。

(4) 165 cm の生徒は，A中学校にいる。

(5) 170 cm の生徒がいる場合は，どちらの中学校でも，背が高いほうから数えて50番目以内となる。

(1)		(2)		(3)	
(4)		(5)			

3 下のデータは，10人の生徒のテストの得点で，x は整数です。このデータの第1四分位数が67のとき，中央値として考えられる値をすべて答えなさい。 【5点】

| 64 | 68 | 74 | 77 | 69 | 67 | 75 | 63 | 70 | x | (点) |

4 右のヒストグラムは，40人の生徒の先週1週間に読んだ本の冊数を表したものです。次の問いに答えなさい。【5点×2】

(1) 40人のデータの第1四分位数を求めなさい。

(2) このヒストグラムに対応する箱ひげ図はどれですか。㋐～㋒の記号で答えなさい。

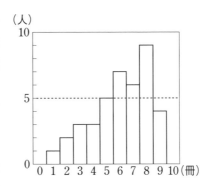
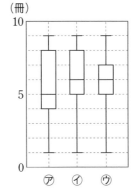

| (1) | | (2) | |

5 右の図は，100点満点の4種類のテスト A，B，C，D を受けた119人の生徒の得点のデータを箱ひげ図に表したものです。次の問いについて，A～D からそれぞれ1つずつ選び，記号で答えなさい。(5)は，そのように考えた理由も答えなさい。 【(1)～(4) 5点×4，(5) 10点】

(1) 30点以下の生徒が最も多いのは，どのテストですか。

(2) 60点以下の生徒が最も少ないのは，どのテストですか。

(3) 70点をとれば成績上位30番以内にはいれたのは，どのテストですか。

(4) 80点以上の生徒が30人以上いるのは，どのテストですか。

(5) データ全体の散らばりの度合いが大きいのはどのテストですか。理由も書きなさい。

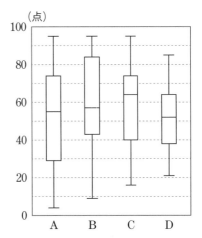

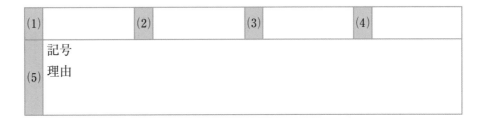

(1)		(2)		(3)		(4)	
(5)	記号						
	理由						

カバーイラスト	456
ブックデザイン	next door design（相京厚史，大岡喜直） 株式会社エデュデザイン
本文イラスト	加納徳博，内村祐美
編集協力	株式会社アポロ企画
データ作成	株式会社四国写研
製作	ニューコース製作委員会

（伊藤なつみ，宮﨑純，阿部武志，石河真由子，小出貴也，野中綾乃，大野康平，澤田未来，中村円佳，
渡辺純秀，相原沙弥，佐藤史弥，田中丸由季，中西亮太，髙橋桃子，松田こずえ，山下順子，山本希海，
遠藤愛，松田勝利，小野優美，近藤想，辻田紗央子，中山敏治）

学研ニューコース問題集　中 2 数学

【 学研ニューコース 】

問題集

中2数学

［別冊］

解答と解説

● 解説がくわしいので，問題
を解くカギやすじ道がしっ
かりつかめます。

● 特に誤りやすい問題には，
「ミス対策」があり，注意
点がよくわかります。

「解答と解説」は別冊になっています。
本冊と軽くのりづけされていますので，
はずしてお使いください。

Gakken

1 式の加法・減法

Step 1 基礎力チェック問題 （p.4-5）

$\boxed{1}$ (1) 1 (2) 3 (3) 4 (4) 6

解説 (4) $3a^2b^3c=3\times a\times a\times b\times b\times b\times c$ だから，次数は 6。

$\boxed{2}$ (1) x^2y， $-2xy$， 3 (2) 3 **次式**

解説 (1) $x^2y-2xy+3=x^2y+(-2xy)+3$ と和の形に表して考えるとよい。

(2) x^2y が最大次数の項で，3 次だから 3 次式。

$\boxed{3}$ (1) $9a^2-7a$ (2) $4x+6y$

(3) $3xy+3z$ (4) $2x^2-x+3$

(5) $-a^2-4ab+2b^2$

解説 (1) $4a^2-7a+5a^2=4a^2+5a^2-7a$

$=(4+5)a^2-7a=9a^2-7a$

(4) $-x^2+4x-1+3x^2-5x+4$

$=-x^2+3x^2+4x-5x-1+4$

$=(-1+3)x^2+(4-5)x+(-1+4)=2x^2-x+3$

同じ文字であっても，x^2 と x は<u>次数が異なるので同類項ではない</u>。また，数だけの項（定数項）も，それらを同類項としてまとめる。

$\boxed{4}$ (1) $2x+7$ (2) $-3a+3b$ (3) $2x-y$

(4) $x+y$ (5) $-x-y-1$ (6) $5a-6b$

解説 加法は，そのままかっこをはずして同類項をまとめる。減法は，ひく式の各項の符号を変えてから加える。

(2) $5a+(3b-8a)=5a+3b-8a=-3a+3b$

(3) $(x-4y)+(x+3y)=x-4y+x+3y$

$=2x-y$

(4) $2x-(x-y)=2x-x+y=x+y$

(6) $(2a-b)-(-3a+5b)$

$=2a-b+3a-5b=5a-6b$

<u>$-($) は，( ) 内の各項の符号を変えてかっこをはずすこと。</u>

$\boxed{5}$ (1) $x-y-z$ (2) $2a^2-6a+15$

解説 和 → ( ) + ( )，差 → ( ) - ( ) の形に書いてから計算する。

(1) $(2x-3y+z)+(-x+2y-2z)$

$=2x-3y+z-x+2y-2z$

$=x-y-z$

(2) $(5a^2-2a+8)-(3a^2+4a-7)$

$=5a^2-2a+8-3a^2-4a+7$

$=2a^2-6a+15$

Step 2 実力完成問題 （p.6-7）

$\boxed{1}$ (1) $-3x-y$ (2) $-3x-5$

(3) $-a^2-a-2b$ (4) $\dfrac{4}{3}a-6b$

(5) $\dfrac{5}{6}x^2-\dfrac{5}{3}x-7$

解説 (2) $-2x+5y+1-x-5y-6$

$=-2x-x+5y-5y+1-6=-3x-5$

(4) $\dfrac{1}{2}a-4b-2b+\dfrac{5}{6}a$

$=\dfrac{1}{2}a+\dfrac{5}{6}a-4b-2b=\dfrac{4}{3}a-6b$

(5) $\dfrac{1}{3}x^2-2x+1+\dfrac{1}{2}x^2-8+\dfrac{1}{3}x$

$=\dfrac{1}{3}x^2+\dfrac{1}{2}x^2-2x+\dfrac{1}{3}x+1-8$

$=\left(\dfrac{1}{3}+\dfrac{1}{2}\right)x^2+\left(-2+\dfrac{1}{3}\right)x-7$

$=\dfrac{5}{6}x^2-\dfrac{5}{3}x-7$

係数が分数の場合，計算が複雑になりまちがえやすい。その場合，同類項の係数に（ ）をつけてまとめて，ていねいに計算すること。

$\boxed{2}$ (1) $-2a$ (2) $2x-7y$

(3) $-x^2+2x+1$ (4) $5a-6b$

(5) $-\dfrac{5}{12}a-2b$ (6) $\dfrac{1}{4}x+y+1$

解説 (1) $(-a+b)+(-a-b)$

$=-a+b-a-b=-2a$

(4) $(2a-b)-(5b-3a)$

$=2a-b-5b+3a=5a-6b$

(5) $\left(\dfrac{1}{3}a-3b\right)+\left(b-\dfrac{3}{4}a\right)$

$=\dfrac{1}{3}a-3b+b-\dfrac{3}{4}a$

$=\left(\dfrac{1}{3}-\dfrac{3}{4}\right)a+(-3+1)b$

$=-\dfrac{5}{12}a-2b$

(6) $\left(\dfrac{1}{2}x-4y\right)-\left(\dfrac{1}{4}x-5y-1\right)$

$=\dfrac{1}{2}x-4y-\dfrac{1}{4}x+5y+1$

$=\left(\dfrac{1}{2}-\dfrac{1}{4}\right)x+(-4+5)y+1=\dfrac{1}{4}x+y+1$

$\boxed{3}$ (1) $-3x-5y$ (2) $\dfrac{7}{30}a+8b+3$

解説 符号に注意してかっこをはずし，同類項をまとめる。

(2) $\left(\dfrac{2}{5}a+5b\right)+\left(\dfrac{1}{3}a-4b\right)-\left(\dfrac{1}{2}a-7b-3\right)$

$=\dfrac{2}{5}a+5b+\dfrac{1}{3}a-4b-\dfrac{1}{2}a+7b+3$

$=\left(\dfrac{2}{5}+\dfrac{1}{3}-\dfrac{1}{2}\right)a+(5-4+7)b+3$

$=\dfrac{7}{30}a+8b+3$

> **ミス対策** $-(\ \ )$ の部分は，$(\ \ )$ 内の符号をすべて変えてかっこをはずす。同類項の計算では，係数をすべてまとめてかっこに入れるとミスが防げる。

4 (1) $12ab-2a-12b$ (2) $x^2-xy+9y^2$

解説 もとの式にかっこをつけて計算する。

(2) $(8x^2-xy+6y^2)-(7x^2-3y^2)$

$=8x^2-xy+6y^2-7x^2+3y^2$

$=8x^2-7x^2-xy+6y^2+3y^2=x^2-xy+9y^2$

5 (1) $2x+2y$ (2) $2xy-4x-y$

解説 $(\ \ )\to\{\ \ \}$ の順にかっこをはずす。

(1) $5x+\{-2x-(x-4y)-2y\}$

$=5x+(-2x-x+4y-2y)$

$=5x+(-3x+2y)$

$=5x-3x+2y=2x+2y$

(2) $xy-3y-\{(x-2y)-(xy-3x)\}$

$=xy-3y-(x-2y-xy+3x)$

$=xy-3y-(-xy+4x-2y)$

$=xy-3y+xy-4x+2y$

$=2xy-4x-y$

> **ミス対策** $\{\ \ \}$ と $(\ \ )$ のかっこを両方はずしてから同類項をまとめてもよいが，$(\ \ )$ だけはずして一度整理すると，計算ミスが防げる。

6 (1) x^2+6xy (2) $4x^2-6xy+2y^2$
   (3) $-4x^2-4xy$

解説 かっこをつけて式を代入し，計算する。

(1) $A-C=(x^2+xy+y^2)-(y^2-5xy)$

$\qquad =x^2+xy+y^2-y^2+5xy$

$\qquad =x^2+6xy$

(2) $A-B+C$

$=(x^2+xy+y^2)-(-3x^2+2xy)+(y^2-5xy)$

$=x^2+xy+y^2+3x^2-2xy+y^2-5xy$

$=4x^2-6xy+2y^2$

(3) $B-(A-C)=(-3x^2+2xy)-(x^2+6xy)$

$\qquad\qquad =-3x^2+2xy-x^2-6xy$

$\qquad\qquad =-4x^2-4xy$

> **別解** $B-(A-C)=B-A+C$ として，代入して計算してもよい。

7 (1) $-4a+3b-1$ (2) $14x-8y+10xy$
   (3) $-\dfrac{7}{5}ab^2+4a^2-\dfrac{16}{7}b-\dfrac{1}{2}$

解説 (1) $-a+5-4b-3a+7b-6$

$=-a-3a-4b+7b+5-6=-4a+3b-1$

(2) $5x-y+8xy-\{7y-(2xy+9x)\}$

$=5x-y+8xy-(7y-2xy-9x)$

$=5x-y+8xy-7y+2xy+9x$

$=5x+9x-y-7y+8xy+2xy=14x-8y+10xy$

(3) $\dfrac{3}{5}ab^2-3b+\dfrac{1}{2}-(2ab^2-4a^2+1)+\dfrac{5}{7}b$

$=\dfrac{3}{5}ab^2-3b+\dfrac{1}{2}-2ab^2+4a^2-1+\dfrac{5}{7}b$

$=\dfrac{3}{5}ab^2-2ab^2+4a^2-3b+\dfrac{5}{7}b+\dfrac{1}{2}-1$

$=-\dfrac{7}{5}ab^2+4a^2-\dfrac{16}{7}b-\dfrac{1}{2}$

2　式の乗法・除法

Step 1　基礎力チェック問題　(p.8-9)

1 (1) $-7x+14y$ (2) $-3x^2+9x-12$
   (3) $-3a^2+2$ (4) $a^2-3ab+4b$

解説 かけ算はそのまま，わり算は逆数にして，式の各項にかける。

(2) $(x^2-3x+4)\times(-3)$

$=x^2\times(-3)-3x\times(-3)+4\times(-3)$

$=-3x^2+9x-12$

(3) $(18a^2-12)\div(-6)=(18a^2-12)\times\left(-\dfrac{1}{6}\right)$

$=18a^2\times\left(-\dfrac{1}{6}\right)-12\times\left(-\dfrac{1}{6}\right)=-3a^2+2$

(4) $(3a^2-9ab+12b)\div3=(3a^2-9ab+12b)\times\dfrac{1}{3}$

$=3a^2\times\dfrac{1}{3}-9ab\times\dfrac{1}{3}+12b\times\dfrac{1}{3}$

$=a^2-3ab+4b$

2 (1) $2a-6b$ (2) $4a-9b$

解説 (1) $5a-3(a+2b)=5a-3a-6b$

$\qquad\qquad\qquad\qquad =2a-6b$

かっこの前が負の数のときは，<u>かっこの中のすべての項の符号が変わる</u>ことに注意しよう。

(2) $-2(a+3b)+3(2a-b)$

$=-2a-6b+6a-3b=4a-9b$

3 (1) $\dfrac{3x-y}{2}$　(2) $\dfrac{3a+2b}{10}$

　　(3) $\dfrac{5x-3y}{8}$　(4) $\dfrac{x}{12}$

解説 通分して，1つの分数の形にしてから，分子の計算をするとよい。

(1) $x+\dfrac{x-y}{2}=\dfrac{2x}{2}+\dfrac{x-y}{2}=\dfrac{2x+x-y}{2}=\dfrac{3x-y}{2}$

(2) $\dfrac{4a+b}{5}-\dfrac{a}{2}=\dfrac{2(4a+b)}{10}-\dfrac{5a}{10}$

　　$=\dfrac{8a+2b-5a}{10}=\dfrac{3a+2b}{10}$

(3) $\dfrac{x-y}{4}+\dfrac{3x-y}{8}=\dfrac{2(x-y)}{8}+\dfrac{3x-y}{8}$

　　$=\dfrac{2(x-y)+(3x-y)}{8}=\dfrac{2x-2y+3x-y}{8}$

　　$=\dfrac{5x-3y}{8}$

(4) $\dfrac{2x-3y}{6}-\dfrac{x-2y}{4}=\dfrac{2(2x-3y)}{12}-\dfrac{3(x-2y)}{12}$

　　$=\dfrac{2(2x-3y)-3(x-2y)}{12}$

　　$=\dfrac{4x-6y-3x+6y}{12}=\dfrac{x}{12}$

通分して1つの分数の形にするとき，分子の多項式には，必ずかっこをつけること。

4 (1) 4　(2) 21　(3) -9

解説 式に直接代入するのではなく，式を簡単にしてから代入すると，ミスを減らせる。

(1) $(2x+y)-(x+2y-1)=x-y+1$

これに $x=1$，$y=-2$ を代入すると，

　$1-(-2)+1=4$

(2) $(4a^2+16a)\div 4=a^2+4a$

これに $a=3$ を代入すると，$3^2+4\times 3=21$

(3) $\dfrac{3m-n}{2}-\dfrac{4m-5n}{3}=\dfrac{3(3m-n)-2(4m-5n)}{6}$

　　$=\dfrac{9m-3n-8m+10n}{6}=\dfrac{m+7n}{6}$

これに $m=-5$，$n=-7$ を代入すると，

　$\dfrac{-5+7\times(-7)}{6}=-\dfrac{54}{6}=-9$

5 (1) $-8ab^2$　(2) $8x^3y^2$　(3) $3x$

　　(4) $-4b$　(5) $-3a^2$　(6) $-18a^2$

　　(7) $-2ab$　(8) $36xy^2$

解説 かけ算は係数と文字を分けて，それぞれ計算する。

(1) $2ab\times(-4b)=2\times(-4)\times ab\times b=-8ab^2$

(2) $(-2x^2y)\times(-4xy)$

　　$=(-2)\times(-4)\times x^2y\times xy=8x^3y^2$

(4) $8a^2b^2\div(-2a^2b)=-\dfrac{8a^2b^2}{2a^2b}=-4b$

(5)〜(8) 単項式の乗除混合計算は，分数の形にすると計算しやすい。また，累乗部分は，必ず先に計算すること。

(5) $6ab\times(-7a)\div 14b=-\dfrac{6ab\times 7a}{14b}=-3a^2$

(6) $9a\times(-2a)^3\div 4a^2=9a\times(-8a^3)\div 4a^2$

　　$=-\dfrac{9a\times 8a^3}{4a^2}=-18a^2$

(7) $(-2a^2b)\div(-ab)^2\times ab^2$

　　$=(-2a^2b)\div a^2b^2\times ab^2$

　　$=-\dfrac{2a^2b\times ab^2}{a^2b^2}=-2ab$

(8) $(6xy)^2\times 4xy^4\div(-2xy^2)^2$

　　$=36x^2y^2\times 4xy^4\div 4x^2y^4$

　　$=\dfrac{36x^2y^2\times 4xy^4}{4x^2y^4}=36xy^2$

Step 2　実力完成問題 (p.10-11)

1 (1) $3a-2b$　(2) $-3x^2+4x+6$

　　(3) $-\dfrac{1}{6}x-\dfrac{1}{12}y$　(4) $-9a^2+15b^2$

解説 (1) $12\left(\dfrac{a}{4}-\dfrac{b}{6}\right)=12\times\dfrac{a}{4}-12\times\dfrac{b}{6}$

　　　　$=3a-2b$

(3) $\left(\dfrac{1}{2}x+\dfrac{1}{4}y\right)\div(-3)=\left(\dfrac{1}{2}x+\dfrac{1}{4}y\right)\times\left(-\dfrac{1}{3}\right)$

　　$=\dfrac{1}{2}x\times\left(-\dfrac{1}{3}\right)+\dfrac{1}{4}y\times\left(-\dfrac{1}{3}\right)=-\dfrac{1}{6}x-\dfrac{1}{12}y$

(4) $(6a^2-10b^2)\div\left(-\dfrac{2}{3}\right)=(6a^2-10b^2)\times\left(-\dfrac{3}{2}\right)$

　　$=6a^2\times\left(-\dfrac{3}{2}\right)-10b^2\times\left(-\dfrac{3}{2}\right)=-9a^2+15b^2$

2 (1) $5x^2+9x-30$　(2) $-6a^2+8ab+16b^2$

　　(3) $6xy$　(4) $3a-13b$　(5) $11x-3y$

解説 (2) $-2(a^2-2b^2)-4(a^2-2ab-3b^2)$

　　$=-2a^2+4b^2-4a^2+8ab+12b^2$

　　$=-6a^2+8ab+16b^2$

(3) $(6x^2y-12xy)\times\dfrac{1}{3}-2(x^2y-5xy)$

　　$=2x^2y-4xy-2x^2y+10xy=6xy$

(4) $3\left(\dfrac{1}{3}a-3b\right)-4\left(b-\dfrac{1}{2}a\right)$

　　$=a-9b-4b+2a=3a-13b$

(5) (　)→{　}の順にかっこをはずす。{　}の中をいったん整理すると計算ミスを防げる。

　$2(x+3y)-\{3x-4(3x-y)+5y\}$

　$=2x+6y-(3x-12x+4y+5y)$

4

$=2x+6y-(-9x+9y)$

$=2x+6y+9x-9y=11x-3y$

③ (1) $8a+7b$ (2) $-22x^2+15y$

解説 (1) $3(2a-b)+2(a+5b)$

$=6a-3b+2a+10b=8a+7b$

(2) $4(-4x^2+3y)-3(2x^2-y)$

$=-16x^2+12y-6x^2+3y=-22x^2+15y$

④ (1) $\dfrac{a}{12}$ (2) $\dfrac{22x^2-3x-16}{15}$

(3) $\dfrac{6x+7y}{7}$ (4) $\dfrac{-a-12b}{12}$

解説 (1) $\dfrac{4a-3b}{3}-\dfrac{5a-4b}{4}$

$=\dfrac{4(4a-3b)}{12}-\dfrac{3(5a-4b)}{12}$

$=\dfrac{16a-12b-15a+12b}{12}=\dfrac{a}{12}$

(3) 通分するとき，$\dfrac{7x-y}{7}+\dfrac{-x+14y}{7}$ とするミス

が多い。この場合，$x-y$ に（ ）をつけて

$\dfrac{7(x-y)}{7}$ とすれば，ミスが防げる。

$x-y+\dfrac{-x+14y}{7}=\dfrac{7(x-y)}{7}+\dfrac{-x+14y}{7}$

$=\dfrac{7x-7y-x+14y}{7}=\dfrac{6x+7y}{7}$

(4) $\dfrac{a-4b}{2}+\dfrac{2a+3b}{3}-\dfrac{5a}{4}$

$=\dfrac{6(a-4b)}{12}+\dfrac{4(2a+3b)}{12}-\dfrac{15a}{12}$

$=\dfrac{6a-24b+8a+12b-15a}{12}=\dfrac{-a-12b}{12}$

⑤ (1) -33 (2) -3

解説 それぞれの式を簡単な形になおしてから，代

入するとよい。

(1) $4(3x-2y)-3(6x-5y)$

$=12x-8y-18x+15y=-6x+7y$

$=-6\times2+7\times(-3)=-33$

(2) $\dfrac{5a-2b}{4}-\dfrac{a-3b}{2}=\dfrac{5a-2b}{4}-\dfrac{2(a-3b)}{4}$

$=\dfrac{5a-2b-2a+6b}{4}=\dfrac{3}{4}a+b$

$=\dfrac{3}{4}\times\dfrac{4}{3}+(-4)=-3$

⑥ (1) $-\dfrac{1}{2}x^3y^3$ (2) $-\dfrac{3}{8}x^2y^3$

(3) $\dfrac{2}{3}xy^2$ (4) $-\dfrac{8}{27}ab$

解説 (3), (4) 分数を逆数にするとき，<u>文字の部分も
分母になることに注意する</u>。

(2) $\left(-\dfrac{2}{3}x^2y\right)\times\left(-\dfrac{3}{4}y\right)^2=\left(-\dfrac{2}{3}x^2y\right)\times\dfrac{9}{16}y^2$

$=-\dfrac{3}{8}x^2y^3$

(3) $\dfrac{1}{2}x^2y^3\div\dfrac{3}{4}xy=\dfrac{x^2y^3}{2}\div\dfrac{3xy}{4}$

$=\dfrac{x^2y^3}{2}\times\dfrac{4}{3xy}=\dfrac{2}{3}xy^2$

(4) $\left(-\dfrac{2}{3}ab^3\right)\div\left(-\dfrac{3}{2}b\right)^2=\left(-\dfrac{2}{3}ab^3\right)\div\dfrac{9b^2}{4}$

$=\left(-\dfrac{2ab^3}{3}\right)\times\dfrac{4}{9b^2}=-\dfrac{8}{27}ab$

⑦ (1) $-12a^2b$ (2) $-9a^3$ (3) $32y$

解説 (1) $8ab^2\div\left(-\dfrac{4}{3}b\right)\times2a$

$=8ab^2\div\left(-\dfrac{4b}{3}\right)\times2a=-\dfrac{8ab^2\times3\times2a}{4b}$

$=-12a^2b$

(2) $(-2a^2b)^2\times(-ab^2)\div\left(\dfrac{2}{3}ab^2\right)^2$

$=4a^4b^2\times(-ab^2)\div\dfrac{4a^2b^4}{9}$

$=4a^4b^2\times(-ab^2)\times\dfrac{9}{4a^2b^4}$

$=-\dfrac{4a^4b^2\times ab^2\times9}{4a^2b^4}=-9a^3$

⑧ (1) $\dfrac{1}{4}a+b$ (2) $\dfrac{-6x+3y}{10}$ (3) $\dfrac{24a}{b}$

解説 (1) $4\left(a-\dfrac{3}{16}b\right)-3\left(\dfrac{5}{4}a-\dfrac{7}{12}b\right)$

$=4a-\dfrac{3}{4}b-\dfrac{15}{4}a+\dfrac{7}{4}b$

$=4a-\dfrac{15}{4}a-\dfrac{3}{4}b+\dfrac{7}{4}b=\dfrac{1}{4}a+b$

(2) $\dfrac{3x-4y}{5}-\dfrac{2x-y}{10}-x+y$

$=\dfrac{2(3x-4y)}{10}-\dfrac{2x-y}{10}-\dfrac{10x}{10}+\dfrac{10y}{10}$

$=\dfrac{6x-8y-2x+y-10x+10y}{10}$

$=\dfrac{-6x+3y}{10}$

(3) $\left(\dfrac{2}{5}ab^2\right)^2\times(-4ac^3)\div\left(-\dfrac{3}{10}ab\right)^2\div\left(-\dfrac{2}{3}bc\right)^3$

$=\dfrac{4}{25}a^2b^4\times(-4ac^3)\div\dfrac{9}{100}a^2b^2\div\left(-\dfrac{8}{27}b^3c^3\right)$

$=\dfrac{4a^2b^4\times4ac^3\times100\times27}{25\times9a^2b^2\times8b^3c^3}=\dfrac{24a}{b}$

3　文字式の利用

Step 1　基礎力チェック問題　（p.12-13）

1 (1)① $2n+1$　② $4n$

③連続する2つの奇数の小さいほうを $2n-1$
（n は整数）とすると，大きいほうは $2n+1$
と表せる。この2数の和は，
$(2n-1)+(2n+1)=4n$ で，
n は整数だから，4の倍数になる。

(2) $100c+10b+a$

解説 (1)①「連続する2つの奇数」だから，小さい
ほうが $2n-1$ なら，大きいほうは
$(2n-1)+2=2n+1$　である。

2 (1) 2つの7の倍数を $7m$, $7n$（m, n は整数）とす
ると，2数の和は $7m+7n=7(m+n)$
$m+n$ は整数だから，$7(m+n)$ は7の倍数に
なる。

(2) いちばん小さい整数を n とすると，連続する
4つの整数は n, $n+1$, $n+2$, $n+3$ と表せる
から，4数の和は $n+(n+1)+(n+2)+(n+3)$
$=4n+6=2(2n+3)$
$2n+3$ は整数だから，これは偶数である。

解説 ある整数 m, n を使って条件を式で表し，そ
れが，(1)「7の倍数になる」→ 7×（整数），
(2)「偶数になる」→ 2×（整数）になることを説明す
ればよい。

3 (1) $x=3y+1$　　(2) $y=\dfrac{6x-a}{2}$

(3) $a=\dfrac{\ell-2\pi r}{4}$　　(4) $h=\dfrac{2S}{a}$

(5) $a=\dfrac{3b+1}{2}$

解説 等式の性質を使って，方程式を解く要領で，
指定された文字について解く。
(2) $6x-2y=a$ → $-2y=-6x+a$
　　　　　　　　　→ $y=\dfrac{6x-a}{2}$

(5) $b=\dfrac{2a-1}{3}$ → $3b=2a-1$
　　　　　　　　→ $2a=3b+1$ → $a=\dfrac{3b+1}{2}$

4 (1) 4倍　(2) 27倍

(3) Aの弧の長さは，$2\pi r\times\dfrac{a}{360}$

　Bの弧の長さは，$2\pi\times 2r\times\dfrac{2a}{360}$

　　　　　　　　$=4\times\left(2\pi r\times\dfrac{a}{360}\right)$

だから，Bの弧の長さは，Aの弧の長さの4
倍である。

解説 (1) 半径が r cm の円の面積は，πr^2 cm^2
半径が $2r$ cm の円の面積は，$\pi\times(2r)^2=4\pi r^2$(cm^2)
だから，半径 r cm の円の面積の4倍である。
(2) 立方体Aの体積は，a^3 cm^3
立方体Bの体積は，$(3a)^3=27a^3$(cm^3)
だから，Bの体積はAの体積の27倍。

Step 2　実力完成問題　（p.14-15）

1 (1) 3けたの自然数を $100x+10y+z$（x, z は1以
上，y は0以上の1けたの整数）とすると，各
位の数の順を逆にした自然数は，
$100z+10y+x$ と表せるから，その差は，
$(100x+10y+z)-(100z+10y+x)$
$=99x-99z=99(x-z)$ となる。
$x-z$ は整数だから，これは99の倍数である。

(2) 下2けたの整数が4の倍数である3けたの自
然数は a, b を，$1\leqq a\leqq9$, $0\leqq b\leqq24$ の整数と
して，$100a+4b$ と表せる。
$100a+4b=4(25a+b)$
で，$25a+b$ は整数だから，この自然数は4の
倍数である。

解説 (1) x が0だと3けたの自然数にならないので，
$x\geqq1$ となる。
(2) 下2けたの整数が4の倍数 → $4b$（b は $0\leqq b\leqq24$
の整数）と表せる。

2 (1) 連続する2つの自然数の小さいほうを $9n+4$（n
は整数）とすると，大きいほうは $9n+5$ と表せ
る。これらの和は，
$(9n+4)+(9n+5)=18n+9$
　　　　　　　　　　$=9(2n+1)$
となり，$2n+1$ が整数だから，これは9の倍数
である。

(2) いちばん小さい数を $9n+2$（n は整数）とする
と，連続する3つの自然数は，
$9n+2$, $9n+3$, $9n+4$　と表せる。
これらの和は，
$(9n+2)+(9n+3)+(9n+4)$
$=27n+9=9(3n+1)$
となり，$3n+1$ が整数だから，9の倍数である。

解説 (1) 9でわった余りが4 → $9n+4$（n は整数）と表
せることを覚えておこう。

3 (1) $a=\dfrac{2by+4y}{5x}$　(2) $y=3-3x$

$(3)\, b=\dfrac{5}{2}S-a$

解説 $(1)\, 5ax-2by=4y \rightarrow 5ax=2by+4y$
$$\rightarrow a=\dfrac{2by+4y}{5x}$$

$(3)\, S=\dfrac{2(a+b)}{5} \rightarrow 5S=2(a+b)$
$$\rightarrow a+b=\dfrac{5}{2}S \rightarrow b=\dfrac{5}{2}S-a$$

$\boxed{4}$ $(1)\, c=a+6b$ $(2)\, y=\dfrac{-x+5}{11}$

$(3)\, c=\dfrac{ab-2S}{d}$

解説 (1) 両辺に 6 をかけて分母をはらうと，
$3(a+2b+c)=2(a+2c)$
$\rightarrow 3a+6b+3c=2a+4c$
$\rightarrow a+6b=c$
(2) 両辺に 5 をかけて分母をはらうと，
$5x+10y-4x+y=5$
$\rightarrow x+11y=5 \rightarrow 11y=-x+5 \rightarrow y=\dfrac{-x+5}{11}$
(3) 両辺に 2 をかけて，左辺と右辺を入れかえると，
$ab-cd=2S \rightarrow -cd=2S-ab$
この両辺を $-d$ でわると，
$$c=-\dfrac{2S-ab}{d}=\dfrac{ab-2S}{d}$$

> **ミス対策** 両辺に 2 をかけて，$2S=ab-cd$
> $2S$ と $-cd$ をそれぞれ移項して，
> $$cd=ab-2S \rightarrow c=\dfrac{ab-2S}{d}$$
> としてもよい。この場合，c の係数を $+$（プラ
> ス）にしておくと符号のミスを防ぎやすい。

$\boxed{5}$ $(1)\, a=\dfrac{180\ell}{\pi r}$ $(2)\, \dfrac{1}{2}$ 倍

解説 $(1)\, \ell$ を a と r を使って表すと，$\ell=2\pi r \times \dfrac{a}{360}$
だから，これを a について解けばよい。
(2) 母線の長さを $2r$ cm にした円錐の側面となるおうぎ形の中心角を $p°$ とすると，底面の円周の長さ ℓ cm は同じなので，
$$\ell=2\pi \times 2r \times \dfrac{b}{360} \rightarrow b=\dfrac{90\ell}{\pi r}=\dfrac{1}{2} \times \dfrac{180\ell}{\pi r}$$
(1) より，$a=\dfrac{180\ell}{\pi r}$ だから，$b=\dfrac{1}{2}a$ で，中心角 $b°$ は，
中心角 $a°$ の $\dfrac{1}{2}$ 倍になる。

$\boxed{6}$ $(1)\, 16$ **本** $(2)\, 3n+1$ （**本**）

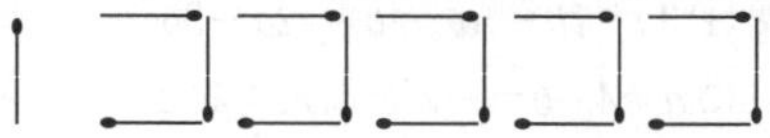

(1) 上の図のように考えると，正方形を 5 個作るのに必要なマッチ棒の本数は，$1+3\times 5=16$（本）
(2) 左端の 1 本のマッチ棒を別にすると，3 本増やすごとに正方形は 1 個ずつできる。正方形を n 個作るのに必要なマッチ棒の本数は，
$1+3\times n=3n+1$（本）

定期テスト予想問題 ①　　(p.16-17)

$\boxed{1}$ $(1)\, m-2n+3$ $(2)\, 10x-y-4$
$(3)\, 5x+y$ $(4)\, -2a+b$
$(5)\, 5a+3b$ $(6)\, x^2+x-1$

解説 $-(\ \ )$ は，$(\ \ )$ 内の各項の符号を変えて，かっこをはずす。

$\boxed{2}$ $(1)\, -12x+4y$ $(2)\, 9a^2-15b^2$
$(3)\, 2x^2y-5xy$ $(4)\, -\dfrac{3}{2}x^2+3x+9$
$(5)\, 4x-3y$ $(6)\, 10x-11y-6$

解説 $(4)\, (x^2-2x-6) \div \left(-\dfrac{2}{3}\right)$
$$=(x^2-2x-6) \times \left(-\dfrac{3}{2}\right)=-\dfrac{3}{2}x^2+3x+9$$

$\boxed{3}$ $(1)\, \dfrac{8a+7b}{10}$ $(2)\, \dfrac{9x-2y}{3}$
$(3)\, \dfrac{3x-5y}{8}$ $(4)\, \dfrac{-5a-2b}{6}$
$(5)\, -14xy-3y$

解説 $(1)\sim(4)$ それぞれ通分してから計算する。
$(4)\, \dfrac{1}{2}(a-2b)-\dfrac{2}{3}(2a-b)=\dfrac{3(a-2b)}{6}-\dfrac{4(2a-b)}{6}$
$$=\dfrac{3a-6b-8a+4b}{6}=\dfrac{-5a-2b}{6}$$
$(5)\, -6(2xy+y)+(14xy-21y) \div (-7)$
$$=-12xy-6y-2xy+3y=-14xy-3y$$

$\boxed{4}$ $(1)\, 8x^2y$ $(2)\, -3a$ $(3)\, -4a^2$
$(4)\, 12ab^2$ $(5)\, 8a$ $(6)\, \dfrac{2}{7}xy^2$

解説 累乗部分から先に計算すること。
$(5)\, (-2a)^2 \times 6a \div 3a^2=4a^2 \times 6a \div 3a^2$
$$=\dfrac{4a^2 \times 6a}{3a^2}=8a$$
$(6)\, \left(-\dfrac{4}{7}xy^2\right)^2 \div \dfrac{8}{7}xy^2=\dfrac{16}{49}x^2y^4 \div \dfrac{8xy^2}{7}$
$$=\dfrac{16x^2y^4 \times 7}{49 \times 8xy^2}=\dfrac{2}{7}xy^2$$

$\boxed{5}$ $(1)\, 14$ $(2)\, 2$

解説 (1) $3a-7b-(a-4b)=2a-3b$

これに $a=4$, $b=-2$ を代入すると，

$2\times4-3\times(-2)=14$

(2) $9x^2y\div6xy^2\times(-2y^2)=-3xy$

これに $x=-2$, $y=\dfrac{1}{3}$ を代入すると，

$-3\times(-2)\times\dfrac{1}{3}=2$

6 (1) $y=\dfrac{-6x+a}{4}$　(2) $r=\dfrac{\ell}{2\pi}-a$

　(3) $b=\dfrac{2S}{h}-a$

解説 (2) $\ell=2\pi(r+a)\rightarrow2\pi(r+a)=\ell$

$\rightarrow r+a=\dfrac{\ell}{2\pi}\rightarrow r=\dfrac{\ell}{2\pi}-a$

(3) $S=\dfrac{1}{2}(a+b)h\rightarrow\dfrac{1}{2}(a+b)h=S$

$\rightarrow a+b=\dfrac{2S}{h}\rightarrow b=\dfrac{2S}{h}-a$

7 m, n を整数とすると，

・6 の倍数より 1 大きい数は，$6m+1$

・9 の倍数より 2 大きい数は，$9n+2$

と表せるから，これらの和は，

$(6m+1)+(9n+2)=6m+9n+3$
$\qquad\qquad\qquad\qquad=3(2m+3n+1)$

$2m+3n+1$ は整数だから，

$3(2m+3n+1)$ は 3 の倍数である。

解説 「6 の倍数より 1 大きい数」→$6m+1$ のように，文字式に表して考えることがポイント。

定期テスト予想問題 ②　　　（p.18-19）

1 (1) $-10m+n+3$　(2) $8m-13n+5$

解説 符号に注意して計算する。

(2) $(-m-6n+4)-(-9m+7n-1)$
$=-m-6n+4+9m-7n+1=8m-13n+5$

2 (1) $20x-5y$　(2) $-2a^2+6a-4$

　(3) $\dfrac{11x-5y}{12}$　(4) $\dfrac{x-y}{6}$

　(5) $-10a^3$　(6) $8ab^2$

解説 (1) $(12x-3y)\times\dfrac{5}{3}=12x\times\dfrac{5}{3}-3y\times\dfrac{5}{3}$
$\qquad\qquad\qquad\qquad\qquad=20x-5y$

(2) $(5a^2-15a+10)\div\left(-\dfrac{5}{2}\right)$

$=(5a^2-15a+10)\times\left(-\dfrac{2}{5}\right)$

$=5a^2\times\left(-\dfrac{2}{5}\right)-15a\times\left(-\dfrac{2}{5}\right)+10\times\left(-\dfrac{2}{5}\right)$

$=-2a^2+6a-4$

(3) $\dfrac{2x+y}{3}+\dfrac{x-3y}{4}=\dfrac{4(2x+y)}{12}+\dfrac{3(x-3y)}{12}$

$=\dfrac{8x+4y+3x-9y}{12}=\dfrac{11x-5y}{12}$

(4) $\dfrac{3x+y}{2}-\dfrac{4x+2y}{3}=\dfrac{3(3x+y)}{6}-\dfrac{2(4x+2y)}{6}$

$=\dfrac{9x+3y-8x-4y}{6}=\dfrac{x-y}{6}$

(6) $6a^2b\div3ab\times(-2b)^2=6a^2b\div3ab\times4b^2$

$=\dfrac{6a^2b\times4b^2}{3ab}=8ab^2$

3 (1) $3x+5$　(2) $-x+7$

　(3) $3x-8$　(4) $\dfrac{15x+25}{12}$

解説 式を代入するときは，必ず（ ）をつけること。

(1) $A+B=(x+6)+(2x-1)=3x+5$

(2) $A-B=(x+6)-(2x-1)$
$\qquad\quad=x+6-2x+1=-x+7$

(3) $2B-A=2(2x-1)-(x+6)$
$\qquad\qquad=4x-2-x-6=3x-8$

(4) $\dfrac{3A-B}{4}-\dfrac{A-2B}{3}=\dfrac{3(3A-B)}{12}-\dfrac{4(A-2B)}{12}$

$=\dfrac{9A-3B-4A+8B}{12}=\dfrac{5A+5B}{12}$

$=\dfrac{5}{12}(A+B)=\dfrac{5}{12}(3x+5)=\dfrac{15x+25}{12}$

(4)のような複雑な式は，簡単な形になおしてから代入するとよい。はじめから代入すると，式が複雑になり，計算ミスのもとになる。

$\dfrac{3A-B}{4}-\dfrac{A-2B}{3}=\dfrac{5}{12}(A+B)$

の形にすれば，(1)の $A+B=3x+5$ をそのまま使って，$\dfrac{5}{12}(A+B)=\dfrac{5}{12}(3x+5)$ とできる。

4 (1) -81　　　(2) 3

　(3) $b=\dfrac{-2a+5m}{3}$　(4) $c=\dfrac{4}{a}-\dfrac{4}{b}$

解説 (1) $2(x-2y)-5(y-2x)$

$=2x-4y-5y+10x=12x-9y$

と，式を簡単にしてから代入する。

(2) $(-18x+3y-1)\div(-3)=6x-y+\dfrac{1}{3}$

$=6\times\dfrac{1}{2}-\dfrac{1}{3}+\dfrac{1}{3}=3$

(3) 両辺に 5 をかけて，左辺と右辺を入れかえると，

$2a+3b=5m\rightarrow3b=-2a+5m$

$\qquad\qquad\rightarrow b=\dfrac{-2a+5m}{3}$

(4) 左辺と右辺を入れかえると，

$$\frac{1}{b}+\frac{c}{4}=\frac{1}{a} \rightarrow \frac{c}{4}=\frac{1}{a}-\frac{1}{b}$$

両辺に 4 をかけて，

$$c=\frac{4}{a}-\frac{4}{b}$$

⑤ (1) 4 の倍数は，$4m$（m は整数）

6 の倍数は，$6n$（n は整数）

と表せるから，4 の倍数と 6 の倍数の和は，

$$4m+6n=2(2m+3n)$$

$2m+3n$ は整数だから，$4m+6n$ は 2 の倍数，

つまり偶数になる。

(2) 4 倍

解説 (2) 半径が r，中心角が $a°$ のおうぎ形の面積を

S とすると，$S=\pi r^2 \times \dfrac{a}{360}$ である。

また，中心角が $a°$，半径が 2 倍の $2r$ のおうぎ形の

面積を S' とすると，

$$S'=\pi \times (2r)^2 \times \frac{a}{360}=4\pi r^2 \times \frac{a}{360}=4S$$

したがって，面積は 4 倍になる。

⑥ (1) $\dfrac{1}{2}\pi a^2-a^2$

(2) B の部分の面積は，

$$\pi \times (2a)^2 \times \frac{1}{4}-\left\{\pi a^2-\left(\frac{1}{2}\pi a^2-a^2\right)\right\}$$

$$=\pi a^2-\pi a^2+\left(\frac{1}{2}\pi a^2-a^2\right)=\frac{1}{2}\pi a^2-a^2$$

となり，(1)で求めた A の部分の面積に等しい。

解説 (1) A の部分の面積は，右の
図で色のついた部分の面積の 2 倍
だから，

$$\left(\frac{1}{4}\pi a^2-\frac{1}{2}a^2\right)\times 2$$

$$=\frac{1}{2}\pi a^2-a^2$$

(2) B の部分の面積は下の考え方で求める。

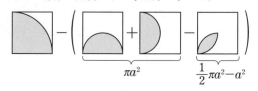

1 連立方程式の解き方

Step 1 基礎力チェック問題 （p.20-21）

① (1) $y=-10$　(2) $x=5$　(3) いえる。

(4) $x=6$，$y=2$ と $x=7$，$y=5$ と $x=8$，$y=8$

解説 (1) $x=2$ を方程式に代入すると，

$3\times 2-y=16 \rightarrow -y=10 \rightarrow y=-10$

(2) $y=-1$ を方程式に代入すると，

$3x-(-1)=16 \rightarrow 3x=15 \rightarrow x=5$

(3) $x=3$，$y=-7$ のとき，方程式の左辺は，

$3\times 3-(-7)=16$ で，右辺に等しくなる。

(4) 方程式を変形して，$y=3x-16$ として，x に 1
から 10 までの自然数を順に代入していくとよい。

また，方程式の解の $x=6$，$y=2$ を，

$(x,\,y)=(6,\,2)$ や $\begin{cases}x=6\\y=2\end{cases}$ のように書くこともある。

② ⑦

解説 解を代入すると，⑦は下の式が成り立たない。
⑨は上の式が成り立たない。

③ (1) $x=5$，$y=3$　(2) $x=-1$，$y=2$

(3) $x=4$，$y=3$　(4) $x=1$，$y=-3$

(5) $x=3$，$y=-2$　(6) $x=3$，$y=2$

解説 (2) $\begin{cases}3x-2y=-7 & \cdots ① \\ -x-2y=-3 & \cdots ②\end{cases}$

①−②より，$4x=-4 \rightarrow x=-1$

これを②に代入して，$y=2$

(3) $\begin{cases}-x+4y=8 & \cdots ① \\ x-3y=-5 & \cdots ②\end{cases}$

①+②より，$y=3$　これを②に代入して，$x=4$

(5) $\begin{cases}3x+y=7 & \cdots ① \\ x-2y=7 & \cdots ②\end{cases}$

①×2+②より，$7x=21 \rightarrow x=3$

これを①に代入すると，$3\times 3+y=7 \rightarrow y=-2$

(6) $\begin{cases}x-3y=-3 & \cdots ① \\ 3x-4y=1 & \cdots ②\end{cases}$

①×3−②より，$-5y=-10 \rightarrow y=2$

これを①に代入すると，$x-3\times 2=-3 \rightarrow x=3$

(5)(6)のように，一方の式を整数倍するとき，右辺の
数も整数倍するのを忘れないこと。

(6)で，①×3 を，$3x-9y=-3$ とするミスが多いの
で気をつけよう！

④ (1) $x=1$，$y=-2$　(2) $x=1$，$y=-3$

(3) $x=6$，$y=5$　(4) $x=1$，$y=1$

(5) $x=-1$, $y=-2$　(6) $x=-7$, $y=-10$

解説 (1) $\begin{cases} y=x-3 & \cdots① \\ 3x-y=5 & \cdots② \end{cases}$

①を②に代入すると，

$3x-(x-3)=5 \to 2x=2 \to x=1$

これを①に代入して，$y=1-3=-2$

(4) $\begin{cases} x=-2y+3 & \cdots① \\ -x+5y=4 & \cdots② \end{cases}$

①を②に代入すると，

$-(-2y+3)+5y=4 \to 7y=7 \to y=1$

これを①に代入して，$x=-2\times1+3=1$

(5) $\begin{cases} 2x-5y=8 \\ x+2y=-5 \end{cases} \to \begin{cases} 2x-5y=8 & \cdots① \\ x=-2y-5 & \cdots② \end{cases}$

②を①に代入すると，

$2(-2y-5)-5y=8 \to -9y=18$

$\to y=-2$

これを②に代入して，$x=-2\times(-2)-5=-1$

(6) $\begin{cases} -3x+2y=1 \\ x-y=3 \end{cases} \to \begin{cases} -3x+2y=1 & \cdots① \\ x=y+3 & \cdots② \end{cases}$

②を①に代入すると，

$-3(y+3)+2y=1 \to -y=10 \to y=-10$

これを②に代入して，$x=-10+3=-7$

5 (1) $x=2$, $y=1$　(2) $x=-2$, $y=11$

解説 (1) $\begin{cases} 2x+5y=9 & \cdots① \\ x-2y=0 & \cdots② \end{cases}$

①$-$②$\times2$ より，$9y=9 \to y=1$

これを②に代入して，$x=2$

別解 ②を $x=2y$ として代入法で解いてもよい。

(2) 下の式を $y=3x+17$ として，上の式に代入する。

$\begin{cases} 2x-3y=-37 \\ 3x-y=-17 \end{cases} \to \begin{cases} 2x-3y=-37 & \cdots① \\ y=3x+17 & \cdots② \end{cases}$

②を①に代入すると，

$2x-3(3x+17)=-37 \to 2x-9x-51=-37$

$\to -7x=14 \to x=-2$

これを②に代入して，$y=3\times(-2)+17=11$

別解 下の式を3倍して，加減法で解いてもよい。

Step 2　実力完成問題 (p.22-23)

1 (1) いえる。

(2) $x=1$, $y=8$ と $x=2$, $y=5$ と $x=3$, $y=2$

解説 (1) $x=5$, $y=-4$ を左辺に代入すると，

$3\times5+(-4)=11$ となり，右辺に等しくなる。

---

(2) ミス対策 このまま $x=1$, 2, 3, $\cdots$ と代入して
いって求めてもよいが，方程式を $y=11-3x$
と変形すると考えやすい。この式から，x が
4以上になると，y は負の数になる。

2 (1) $x=2$, $y=1$　　(2) $x=5$, $y=3$

(3) $x=1$, $y=-2$　　(4) $x=1$, $y=1$

(5) $m=-1$, $n=-2$　(6) $m=-2$, $n=0$

解説 (1) $\begin{cases} x+y=3 & \cdots① \\ 3x-2y=4 & \cdots② \end{cases}$

①$\times2+$② より，y を消去して求める。

(2) $\begin{cases} 2x-3y=1 & \cdots① \\ 3x-4y=3 & \cdots② \end{cases}$

①$\times3-$②$\times2$ より，x を消去して求める。

(3) $\begin{cases} 2x+3y=-4 & \cdots① \\ 5x-2y=9 & \cdots② \end{cases}$

①$\times2+$②$\times3$ より，$19x=19 \to x=1$

これを①に代入して，$2\times1+3y=-4 \to y=-2$

(4) $\begin{cases} 3x+2y=5 \\ 3y-x=2 \end{cases} \to \begin{cases} 3x+2y=5 & \cdots① \\ -x+3y=2 & \cdots② \end{cases}$

①$+$②$\times3$ より，$11y=11 \to y=1$

これを①に代入して，$3x+2\times1=5 \to x=1$

(6) $\begin{cases} 3m-5n=-6 & \cdots① \\ 4m+3n=-8 & \cdots② \end{cases}$

①$\times4-$②$\times3$ より，$-29n=0 \to n=0$

これを①に代入して，$3m-5\times0=-6$

$\to 3m=-6 \to m=-2$

3 (1) $x=9$, $y=3$　　(2) $x=-1$, $y=-4$

(3) $x=-4$, $y=-4$　(4) $x=9$, $y=5$

解説 (1) 上の式を $x=3y$ として，下の式に代入し，

x を消去する。

(2) 下の式を $y=4x$ として，上の式に代入する。

(3) $\begin{cases} -2x+y=4 \\ 2x-5y=12 \end{cases} \to \begin{cases} y=2x+4 & \cdots① \\ 2x-5y=12 & \cdots② \end{cases}$

①を②に代入すると，

$2x-5(2x+4)=12 \to -8x=32 \to x=-4$

これを①に代入して，

$y=2\times(-4)+4=-4$

(4) $\begin{cases} 3y-x=6 \\ -2x+5y=7 \end{cases} \to \begin{cases} x=3y-6 & \cdots① \\ -2x+5y=7 & \cdots② \end{cases}$

①を②に代入すると，

$-2(3y-6)+5y=7 \to -y=-5 \to y=5$

これを①に代入すると，

$x=3\times5-6=9$

4 (1) $x=3$, $y=4$　　(2) $x=9$, $y=7$

$(3)\,x=2,\ y=-1$　　$(4)\,x=4,\ y=3$

$(5)\,x=-4,\ y=\dfrac{1}{4}$　　$(6)\,x=2,\ y=-5$

解説 $(1)\begin{cases}3x+2y=17 & \cdots① \\ x-2y=-5 & \cdots②\end{cases}$

$①+②$ より，y を消去して求める。

(2) 上の式を下の式に代入し，y を消去する。

(3) 上の式を $x=2y+4$ として，下の式に代入し，x を消去する。

$(4)\begin{cases}2x+9y=35 & \cdots① \\ 5x-3y=11 & \cdots②\end{cases}$

$①+②×3$ より，$17x=68\ →\ x=4$

これを②に代入して，$-3y=-9\ →\ y=3$

(5) 上の式を下の式に代入し，x を消去する。

$(6)\begin{cases}7x+5y=-11 & \cdots① \\ 3x-4y=26 & \cdots②\end{cases}$

$①×4+②×5$ より，$43x=86\ →\ x=2$

これを②に代入して，$-4y=20\ →\ y=-5$

5 $(1)\,x=-2,\ y=3$　$(2)\,x=-3,\ y=8$

$(3)\,x=2,\ y=-3$　$(4)\,x=-1,\ y=1$

$(5)\,x=3,\ y=-4$　$(6)\,x=2,\ y=-3$

解説 それぞれの方程式を，$\underline{ax+by=c}$，または，$\underline{x=\sim,\ y=\sim}$ の形に整理してから計算する。

(1) 式を整理すると，$\begin{cases}x+2y=4 & \cdots① \\ y=3x+9 & \cdots②\end{cases}$

②を①に代入して，y を消去する。

(3) 式を整理すると，$\begin{cases}3x-y=9 & \cdots① \\ x=2y+8 & \cdots②\end{cases}$

②を①に代入して，x を消去する。

(5) 式を整理すると，$\begin{cases}3x+2y=1 & \cdots① \\ 5x+2y=7 & \cdots②\end{cases}$

$①-②$ より，y を消去する。

(6) 式を整理すると，$\begin{cases}2x-3y=13 & \cdots① \\ 5x+2y=4 & \cdots②\end{cases}$

$①×2+②×3$ より，y を消去する。

2 いろいろな連立方程式

Step 1 基礎力チェック問題 (p.24-25)

1 $(1)\,x=1,\ y=-2$　$(2)\,x=3,\ y=2$

$(3)\,x=-4,\ y=3$　$(4)\,x=2,\ y=-1$

解説 まず，かっこをはずし，式を整理してから，加減法や代入法を使って解く。

(1) 下の式のかっこをはずし，整理すると，

$4x-3(y-1)=13\ →\ 4x-3y=10$

だから，$\begin{cases}2x+3y=-4 & \cdots① \\ 4x-3y=10 & \cdots②\end{cases}$　として，

$①+②$ より，$6x=6\ →\ x=1$

これを①に代入して，$2+3y=-4\ →\ y=-2$

(2) 下の式のかっこをはずし，整理すると，

$\begin{cases}x+3y=9 & \cdots① \\ 3x+y=11 & \cdots②\end{cases}$

$①×3-②$ より，$8y=16\ →\ y=2$

これを①に代入して，$x+6=9\ →\ x=3$

(3) 両式のかっこをはずし，整理すると，

$\begin{cases}-x-4y=-8 & \cdots① \\ 5x+2y=-14 & \cdots②\end{cases}$

$①+②×2$ より，$9x=-36\ →\ x=-4$

これを①に代入して，$4-4y=-8\ →\ y=3$

(4) 両式のかっこをはずし，整理すると，

$\begin{cases}2x-y=5 & \cdots① \\ 3x+2y=4 & \cdots②\end{cases}$

$①×2+②$ より，$7x=14\ →\ x=2$

これを①に代入して，$2×2-y=5\ →\ y=-1$

別解 $x+1=X$，$y-1=Y$ とおくと，

$\begin{cases}2X-Y=8 & \cdots① \\ 3X+2Y=5 & \cdots②\end{cases}$

$①×2+②$ より，$7X=21\ →\ X=3$

これを①に代入して，

$2×3-Y=8\ →\ Y=-2$

よって，$x=X-1=3-1=2$

　　　　$y=Y+1=-2+1=-1$

2 $(1)\,x=3,\ y=1$　$(2)\,x=-1,\ y=-1$

$(3)\,x=5,\ y=3$　$(4)\,x=2,\ y=3$

$(5)\,x=3,\ y=6$　$(6)\,x=3,\ y=-3$

解説 分数を含む式の分母の最小公倍数を両辺にかけて，分母をはらってから，連立方程式を解く。

(1) 下の式の両辺に 6 をかけて分母をはらう。

(2) 上の式の両辺に 2 をかけて分母をはらう。

上の式の両辺に 2 をかけるとき，$\underline{分数係数ではない}$ $\underline{項\ -3y\ にも\ 2\ をかけるのを忘れない}$こと。

$(4)\begin{cases}\dfrac{x}{2}+\dfrac{y}{3}=2 & \xrightarrow{\ ×6\ } \\ x-\dfrac{1}{3}y=1 & \xrightarrow{\ ×3\ }\end{cases}\begin{cases}3x+2y=12 & \cdots① \\ 3x-y=3 & \cdots②\end{cases}$

$①-②$ より，$3y=9\ →\ y=3$

これを②に代入して，$3x-3=3\ →\ x=2$

$(5)\begin{cases}\dfrac{x}{6}+\dfrac{y}{2}=\dfrac{7}{2} & \xrightarrow{\ ×6\ } \\ \dfrac{x}{2}-\dfrac{2}{3}y=-\dfrac{5}{2} & \xrightarrow{\ ×6\ }\end{cases}\begin{cases}x+3y=21 & \cdots① \\ 3x-4y=-15 & \cdots②\end{cases}$

①×3−②より, $13y=78$ → $y=6$

これを①に代入して,

$x+3\times6=21$ → $x=3$

(6) $\begin{cases} \dfrac{1}{4}x+\dfrac{1}{5}y=\dfrac{3}{20} & \xrightarrow{\times20} \\ \dfrac{5x-3y}{15}=\dfrac{8}{5} & \xrightarrow{\times15} \end{cases}$ $\begin{cases} 5x+4y=3 & \cdots① \\ 5x-3y=24 & \cdots② \end{cases}$

①−②より, $7y=-21$ → $y=-3$

これを②に代入して,

$5x-3\times(-3)=24$ → $5x=15$ → $x=3$

3 (1) $x=4,\ y=3$　　(2) $x=10,\ y=5$

　(3) $x=-2,\ y=-3$　(4) $x=4,\ y=-1$

解説 小数を含む式の両辺を, 10倍, 100倍などして, 係数を整数にしてから解けばよい。

(1) 上の式の両辺を10倍すると, $3x+2y=18$ だから,

$\begin{cases} 3x+2y=18 & \cdots① \\ y=2x-5 & \cdots② \end{cases}$

②を①に代入すると,

$3x+2(2x-5)=18$ → $x=4$

これを②に代入して, $y=2\times4-5=3$

(3) 上の式を10倍, 下の式を100倍すると,

$\begin{cases} 2x+y=-7 & \cdots① \\ x-2y=4 & \cdots② \end{cases}$

①×2+②より, $5x=-10$ → $x=-2$

これを①に代入して, $2\times(-2)+y=-7$ → $y=-3$

(4) 上の式を10倍, 下の式を2倍すると,

$\begin{cases} 3x-2y=14 & \cdots① \\ 5x+2y=18 & \cdots② \end{cases}$

①+②より, $8x=32$ → $x=4$

これを①に代入して, $3\times4-2y=14$ → $y=-1$

4 $a=3,\ b=2$

解説 連立方程式に $x=2,\ y=-1$ を代入すると,

$\begin{cases} 2a-b=4 & \cdots① \\ 2a+b=8 & \cdots② \end{cases}$

①+②より, $4a=12$ → $a=3$

これを①に代入して, $2\times3-b=4$ → $b=2$

Step 2 実力完成問題　　(p.26-27)

1 (1) $x=7,\ y=4$　　　(2) $x=-1,\ y=1$

　(3) $x=1,\ y=4$　　　(4) $x=5,\ y=0$

　(5) $x=-\dfrac{3}{7},\ y=-\dfrac{29}{7}$　(6) $x=7,\ y=11$

　(7) $x=2,\ y=4$　　　(8) $x=\dfrac{9}{5},\ y=-\dfrac{3}{5}$

解説 どんな形の方程式でも, 係数を整数にし, $ax+by=c$ の形になおしてから解けばよい。

(1) かっこをはずして整理すると,

$\begin{cases} x-4y=-9 & \cdots① \\ 3x+5y=41 & \cdots② \end{cases}$

①×3−②より, $-17y=-68$ → $y=4$

これを①に代入して, $x-4\times4=-9$ → $x=7$

(3) 上の式×100, 下の式×10 より,

$\begin{cases} 15x+10y=55 & \cdots① \\ 5x+3y=17 & \cdots② \end{cases}$

①−②×3 より, $y=4$

これを②に代入して, $5x+3\times4=17$ → $x=1$

(4) 上の式×10, 下の式×100 より,

$\begin{cases} 3x-10y=15 & \cdots① \\ 4x+15y=20 & \cdots② \end{cases}$

①×3+②×2 より, $17x=85$ → $x=5$

これを②に代入して, $4\times5+15y=20$ → $y=0$

(6) 両式を10倍して, 整理すると,

$\begin{cases} 3x-2y=-1 & \cdots① \\ 2x+y=25 & \cdots② \end{cases}$

①+②×2 より, $7x=49$ → $x=7$

これを②に代入して, $2\times7+y=25$ → $y=11$

(7) 上の式×6, 下の式×2 より,

$\begin{cases} 4x-(3-y)=9 \\ -5(x+1)+2y=-7 \end{cases}$ → $\begin{cases} 4x+y=12 & \cdots① \\ -5x+2y=-2 & \cdots② \end{cases}$

①×2−②より, $13x=26$ → $x=2$

これを①に代入して, $4\times2+y=12$ → $y=4$

ミス対策

分母をはらうとき, $\left\{-\dfrac{5}{2}(x+1)+y\right\}\times2$ とかっこをつけて書き, ていねいに分配法則を使うと, まちがいを防ぎやすい。

(8) 上の式×12, 下の式×6 で分母をはらうと,

$\begin{cases} 4(2x+y)-3(x+3y)=12 \\ 3(3x-y)-2(4x+2y)=6 \end{cases}$

→ $\begin{cases} 5x-5y=12 & \cdots① \\ x-7y=6 & \cdots② \end{cases}$

①−②×5 より, $30y=-18$ → $y=-\dfrac{3}{5}$

これを①に代入して,

$5x-5\times\left(-\dfrac{3}{5}\right)=12$ → $5x=9$ → $x=\dfrac{9}{5}$

2 (1) $x=3,\ y=0$　(2) $x=4,\ y=3$

解説 (1) $2x+y-6=x-2y-3=0$ の式は,

$\begin{cases} 2x+y-6=0 \\ x-2y-3=0 \end{cases}$ と書けるから, $\begin{cases} 2x+y=6 & \cdots① \\ x-2y=3 & \cdots② \end{cases}$

とすると, ①×2+②より, $5x=15$ → $x=3$

これを①に代入して，$2\times3+y=6 \to y=0$

(2) $x+3y=2(x+y)-1=13$ の式は，

$$\begin{cases} x+3y=13 \\ 2(x+y)-1=13 \end{cases} \text{より，} \begin{cases} x+3y=13 & \cdots① \\ 2x+2y=14 & \cdots② \end{cases}$$

①×2－②より，$4y=12 \to y=3$

これを①に代入して，$x+3\times3=13 \to x=4$

$\boxed{3}$ (1) $a=2,\ b=5$　(2) $a=6,\ b=-4$

(3) $a=3,\ b=2$

$\boxed{解説}$ (1) 連立方程式に $x=-1,\ y=2$ を代入する

と，$\begin{cases} -a+2b=8 \\ -b-2a=-9 \end{cases} \to \begin{cases} -a+2b=8 & \cdots① \\ 2a+b=9 & \cdots② \end{cases}$

①×2＋②より，$5b=25 \to b=5$

これを①に代入して，$-a+2\times5=8 \to a=2$

(2) 連立方程式に $x=1,\ y=b$ を代入すると，

$$\begin{cases} ax-y=10 \\ y=2x-a \end{cases} \to \begin{cases} a-b=10 & \cdots① \\ b=2-a & \cdots② \end{cases}$$

②を①に代入すると，$a-2+a=10 \to a=6$

これを②に代入して，$b=2-6=-4$

(3) $\begin{cases} ax-by=1 & \cdots① \\ x+2y=3 & \cdots② \end{cases} \begin{cases} bx+ay=5 & \cdots③ \\ x+3y=4 & \cdots④ \end{cases}$

①～④はどれも同じ解をもつから，まず，②と④を
連立方程式とした解を求める。

②－④より，$-y=-1 \to y=1\cdots⑤$

これを②に代入すると，$x+2\times1=3 \to x=1\cdots⑥$

この解は，①，③の解でもあるから，①，③に⑤，
⑥をそれぞれ代入して，

$$\begin{cases} a-b=1 & \cdots⑦ \\ a+b=5 & \cdots⑧ \end{cases}$$

⑦＋⑧より，$2a=6 \to a=3$

⑧－⑦より，$2b=4 \to b=2$

$\boxed{4}$ (1) $x=-1,\ y=3$　(2) $x=4,\ y=-1$

(3) $x=2,\ y=4$　(4) $x=2,\ y=7$

(5) $x=\dfrac{5}{2},\ y=\dfrac{1}{2}$　(6) $x=1,\ y=2$

$\boxed{解説}$ (1) 上の式÷100，下の式×12 より，

$$\begin{cases} x=3y-10 \\ 4x+3y=5 \end{cases} \to \begin{cases} x-3y=-10 & \cdots① \\ 4x+3y=5 & \cdots② \end{cases}$$

①＋②より，$5x=-5 \to x=-1$

これを①に代入して，$-1-3y=-10 \to y=3$

(2) 上の式×10，下の式×12 より，

$$\begin{cases} 2x-5(x+y)=-7 \\ 3(2x+3y)-2y=17 \end{cases}$$

$$\to \begin{cases} -3x-5y=-7 & \cdots① \\ 6x+7y=17 & \cdots② \end{cases}$$

①×2＋②より，$-3y=3 \to y=-1$

これを①に代入して，$-3x+5=-7 \to x=4$

(3) 上の式×100，下の式×6 より，

$$\begin{cases} 3(x+y)+5(x-2y)=-12 \\ 2(x+y-5)+(2x-y+1)=3 \end{cases}$$

$$\to \begin{cases} 8x-7y=-12 & \cdots① \\ 4x+y=12 & \cdots② \end{cases}$$

①－②×2 より，$-9y=-36 \to y=4$

これを②に代入して，$4x+4=12 \to x=2$

(4) 上の式は $5(3x+2)=4(y+3)$ より，

$$\begin{cases} 5(3x+2)=4(y+3) \\ 3x+4y=34 \end{cases} \to \begin{cases} 15x-4y=2 & \cdots① \\ 3x+4y=34 & \cdots② \end{cases}$$

①＋②より，$18x=36 \to x=2$

これを②に代入して，$6+4y=34 \to y=7$

(5) $\begin{cases} 4x-7y=x+4 \\ 2x+5y-1=x+4 \end{cases} \to \begin{cases} 3x-7y=4 & \cdots① \\ x+5y=5 & \cdots② \end{cases}$

①－②×3 より，$-22y=-11 \to y=\dfrac{1}{2}$

これを②に代入して，$x+5\times\dfrac{1}{2}=5 \to x=\dfrac{5}{2}$

(6) $\begin{cases} \dfrac{x+y}{3}=\dfrac{5x+1}{6} \\ \dfrac{5x+1}{6}=\dfrac{y}{2} \end{cases} \to \begin{cases} 2(x+y)=5x+1 \\ 5x+1=3y \end{cases}$

$$\to \begin{cases} 3x-2y=-1 & \cdots① \\ 5x-3y=-1 & \cdots② \end{cases}$$

①×3－②×2 より，$-x=-1 \to x=1$

これを①に代入して，$3-2y=-1 \to y=2$

3 連立方程式の利用

$\boxed{Step 1}$ 基礎力チェック問題 (p.28-29)

$\boxed{1}$ (1) $x=y+10$　(2) $\dfrac{x}{4}+\dfrac{y}{3}=\dfrac{3}{2}$

(3) $10x+y+18=10y+x$

$\boxed{解説}$ (2) x km の道のりを時速 4 km で歩くとき

にかかる時間は，$\dfrac{x}{4}$ 時間だから，$\dfrac{x}{4}+\dfrac{y}{3}=\dfrac{3}{2}$

(3) もとの数は $10x+y$，入れかえた数は $10y+x$。

$\boxed{2}$ (1) $\begin{cases} 10x+y=3(x+y) \\ 10y+x=2(10x+y)+18 \end{cases}$　(2) $x=2,\ y=7$

$\boxed{解説}$ (2) $\begin{cases} 10x+y=3(x+y) \\ 10y+x=2(10x+y)+18 \end{cases}$

$$\to \begin{cases} 7x-2y=0 & \cdots① \\ 19x-8y=-18 & \cdots② \end{cases}$$

①×4－②より，$x=2$

これを①に代入して，$y=7$

③ (1) $\begin{cases} x+y=9 \\ 40x+95y=580 \end{cases}$ (2) $x=5,\ y=4$

解説 (1)「本数」と「代金」について，それぞれ方程式をつくればよい。

④ (1) $\begin{cases} 0.8x+0.7y=9900 \\ x+y=13000 \end{cases}$ (2) $x=8000,\ y=5000$

解説 (1) 定価 x 円の 20%引きは，$x \times \left(1-\dfrac{20}{100}\right)$ $=0.8x$（円），y 円の 30%引きは，$0.7y$ 円。

⑤ (1) 36 g (2) $\begin{cases} x+y=600 \\ \dfrac{8}{100}x+\dfrac{5}{100}y=36 \end{cases}$

(3) 8%の食塩水…200 g，5%の食塩水…400 g

解説 (2) 食塩水の重さ…$x+y=600$…①

8%の食塩水に含まれる食塩の重さ…$x \times \dfrac{8}{100}$ (g)

5%の食塩水に含まれる食塩の重さ…$y \times \dfrac{5}{100}$ (g)

これらの和が，(1)より 36 g だから，

$\dfrac{8}{100}x+\dfrac{5}{100}y=36$ …②

(3) ②の式の両辺を 100 倍して分母をはらうと，
$8x+5y=3600$ …③

③－①×5 より，$3x=600 \rightarrow x=200$

これを①に代入して，$y=400$

Step 2 実力完成問題　(p.30-31)

① 74

解説 もとの整数の十の位の数を x，一の位の数を y とすると，$x=2y-1$ …①

また，もとの整数は $10x+y$，十の位と一の位を入れかえた整数は $10y+x$ と表せるから，

$10y+x=10x+y-27 \rightarrow x-y=3$ …②

①，②を連立方程式として解くと，
$x=7,\ y=4$

よって，もとの整数は 74

② (1) 商品A…1.2x 円，商品B…1.2y 円

(2) $(12x+12y-500)$ 円

(3) 商品A…200 円，商品B…300 円

解説 (1) 定価を，仕入れ値の 20%の利益を見込んでつけたとき，定価と仕入れ値の関係は，

定価＝仕入れ値 ×(1+0.2)

(2) 翌日分の売り上げは，それぞれ

A…$(1.2x-50) \times 10=12x-500$（円）

B…$\left(1.2y \times \dfrac{1}{2}\right) \times 20=12y$（円）

となるから，この合計は，$(12x+12y-500)$円。

(3) 仕入れ値の合計が 42000 円だから，
$60x+100y=42000$ …①

翌日分の売り上げの合計が 5500 円だから，(2)より，
$12x+12y-500=5500$ …②

①，②を連立方程式として解くと，
$x=200,\ y=300$

③ (1) $500+x=20y$ (2) $620-x=15y$

(3) 列車の長さ…140 m，列車の速さ…秒速 32 m

解説 (1)「鉄橋を渡り始めてから渡り終わるまでに 20 秒かかる」を，列車が走った道のりの関係で表すと，(鉄橋の長さ)＋(列車の長さ)＝$20y$ であるから，$500+x=20y$ …①

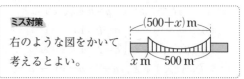

ミス対策
右のような図をかいて考えるとよい。
$(500+x)$ m
x m　500 m

(2)「トンネルにはいり終えてから出始めるまでに 15 秒かかる」を，列車が走った道のりの関係で表すと，(トンネルの長さ)－(列車の長さ)＝$15y$ だから，$620-x=15y$ …②

ミス対策
右のような図をかいて考えるとよい。
620 m
x m　$(620-x)$ m

(3) ①，②を連立方程式として解くと，$x=140$，$y=32$

④ 男子…240 人，女子…225 人

解説 昨年度の男子の生徒数を x 人，女子の生徒数を y 人とすると，
$x+y=465$ …①

本年度の男子の生徒数は，
$(1-0.05)x=0.95x$（人）

本年度の女子の生徒数は，
$(1+0.08)y=1.08y$（人）

で，この合計が $465+6=471$（人）だから，
$0.95x+1.08y=471$ …②

①，②を連立方程式として解くと，
$x=240,\ y=225$

⑤ A 地点から峠まで…1300 m，
峠から B 地点まで…1400 m

解説 A 地点から峠までの道のりを x m，峠から B 地点までの道のりを y m とすると，
$x+y=2700$ …①

かかった時間の合計が 46 分だから，

$$\frac{x}{50}+\frac{y}{70}=46 \quad \cdots ②$$

①，②を連立方程式として解くと，

$x=1300, \ y=1400$

6 (1) $\begin{cases} x-y=600000 \\ \dfrac{3}{4}x-\dfrac{5}{7}y=600000 \end{cases}$

(2) $\begin{cases} 3x=4y \\ 5(x-600000)=7(y-600000) \end{cases}$

(3) A $\begin{cases} 収入\cdots4800000 \ 円（480 万円）\\ 支出\cdots4200000 \ 円（420 万円）\end{cases}$

B $\begin{cases} 収入\cdots3600000 \ 円（360 万円）\\ 支出\cdots3000000 \ 円（300 万円）\end{cases}$

解説 (1) 収入の比 4：3，支出の比 7：5 より，

A の収入を x 円とすると，B の収入は $\dfrac{3}{4}x$ 円，

A の支出を y 円とすると，B の支出は $\dfrac{5}{7}y$ 円

となる。したがって，A，B それぞれについて，

(収入)－(支出)=600000

の方程式をつくればよい。

(2) A の収入を x 円，B の収入を y 円とすると，

　　$x：y=4：3 \ \rightarrow \ 3x=4y \quad \cdots ①$

また，A，B それぞれの支出は

　　$(x-600000)$ 円，$(y-600000)$ 円

であり，その比が 7：5 だから，

　　$5(x-600000)=7(y-600000)\cdots ②$

(3) (1)，(2)のどちらの連立方程式を解いてもよいが，求めた $x, \ y$ の値が何を表しているかに注意して答えること。

たとえば，(2)の連立方程式を解くと，

①より，$y=\dfrac{3}{4}x \quad \cdots ③$

②より，$5x-7y=-1200000 \quad \cdots ④$

③を④に代入して x の値を求めると，$x=4800000$

これを③に代入すると，$y=3600000$

支出は，それぞれの収入から 60 万円をひけばよい。

7 $x=3, \ y=7$

解説 人数より，$1+x+4+y+5=20$，

$x+y=10 \quad \cdots ①$

平均値より，$1×x+2×4+3×y+4×5=2.6×20$，

$x+3y=24 \quad \cdots ②$

①，②を連立方程式として解くと，$x=3, \ y=7$

---

1 (1) $x=8, \ y=\dfrac{13}{2}$ 　(2) $x=-1, \ y=3$

(3) $x=1, \ y=-3$ 　(4) $x=5, \ y=3$

(5) $x=-1, \ y=4$ 　(6) $x=7, \ y=11$

(7) $x=-\dfrac{11}{3}, \ y=-18$ 　(8) $x=1, \ y=-2$

解説 それぞれの方程式を，分母をはらうなどして 係数を整数にし，$ax+by=c$ の形に整理してから，加減法や代入法を使って解く。

(6) 上の式の分母をはらい，下の式のかっこをはずして整理すると，$\begin{cases} 3x-2y=-1 \\ x-y=-4 \end{cases}$

(8) 上の式のかっこをはずし，下の式を 10 倍して整理すると，$\begin{cases} -x+y=-3 \\ y=3x-5 \end{cases}$

2 (1) $a=9$ 　(2) $a=-\dfrac{5}{3}, \ b=5$

解説 (1) $3x+2y=4$ と $4x-3y=11$ を連立方程式として解くと，$x=2, \ y=-1$

これは，$ax+4y=a+5$ の解でもあるから，

　　$a×2+4×(-1)=a+5 \ \rightarrow \ a=9$

(2) $x+y=1$ と $x+2y=2$ を連立方程式として解くと，$x=0, \ y=1$ これを残りの 2 つの式に代入して，

$b=5, \ -b=3a \ \rightarrow \ a=-\dfrac{5}{3}$

3 (1) $\begin{cases} x+y=9 \\ 10y+x=10x+y-9 \end{cases}$ 　(2) 54

解説 (1) もとの 2 けたの自然数は $10x+y$，十の位と一の位の数を入れかえた自然数は $10y+x$ と表せるから，$10y+x=10x+y-9$

(2) $\begin{cases} x+y=9 \\ 10y+x=10x+y-9 \end{cases} \rightarrow \begin{cases} x+y=9 \quad \cdots ① \\ x-y=1 \quad \cdots ② \end{cases}$

①+②より，$2x=10 \ \rightarrow \ x=5$

これを①に代入して，$5+y=9 \ \rightarrow \ y=4$

だから，求める 2 けたの自然数は，54

4 (1) $\begin{cases} x+y=50 \\ \dfrac{x}{40}+\dfrac{y}{60}=1\dfrac{1}{15} \end{cases}$

(2) A－B 間…28 km，B－C 間…22 km

解説 (1) 道のりと，かかった時間の関係から，それぞれ立式する。

速さが時速で表されているので，要した時間 1 時間 4 分も時間の単位になおして立式すること。

　　1 時間 4 分 $\rightarrow \ 1\dfrac{4}{60}=1\dfrac{1}{15}$ （時間）

5 (1) $\begin{cases} y=0.34(x-5) \\ y-0.18=0.3(1.1x-5.1) \end{cases}$

(2) 収入…385000円, 食費…100200円

解説 この問題では, x, y の値がそのまま答えにはならない。<u>何を x, y とおいたのか, 問われていることは何か</u>を, よく考えることが大切。

x, y の単位が万円なので, たとえば, 1800円は, 0.18万円と表す。

(1) 先月の収入, 食費, 住居費の関係から,
$$y=0.34(x-5) \quad \cdots ①$$

今月の収入は, 先月より10%増加したから,
$$(1+0.1)x=1.1x(万円)$$

住居費は, $5×(1+0.02)=5.1(万円)$

食費は, $(y-0.18)$ 万円だから,
$$y-0.18=0.3(1.1x-5.1) \quad \cdots ②$$

(2) ①, ②を連立方程式として解くと,
$$x=35, \quad y=10.2$$

求める今月の収入は, $1.1×35=38.5(万円)$

今月の食費は, $10.2-0.18=10.02(万円)$

定期テスト予想問題 ②　　(p.34-35)

1 (1) $x=\dfrac{2}{3}, \ y=\dfrac{1}{3}$　(2) $x=2, \ y=-1$

(3) $x=-1, \ y=-1$　(4) $x=3, \ y=-2$

解説 (1) 上の式を2倍, 下の式を5倍して両式を加え, y を消去する。

(2) 2つの式の両辺を10倍すると,
$$\begin{cases} 2x-3y=7 \\ 5x+7y=3 \end{cases}$$

あとは, 加減法を使って解けばよい。

(3) 上の式の分母をはらって, 2つの式を整理すると,
$$\begin{cases} 3x-y=-2 \\ -4x+3y=1 \end{cases}$$

(4) 下の式の分母をはらって, 2つの式を整理すると,
$$\begin{cases} 2x-3y=12 \\ -x+4y=-11 \end{cases}$$

2 (1) $x=-13, \ y=-17$　(2) $x=7, \ y=11$

解説 (1) 与えられた式は,
$$\begin{cases} 5x-4y-3=0 \\ 2x-y+9=0 \end{cases}$$

とすることができる。これから,
$$\begin{cases} 5x-4y=3 \\ 2x-y=-9 \end{cases}$$

として解けばよい。

(2) $\begin{cases} \dfrac{4x+1}{5}-\dfrac{y-3}{10}=x-2 & \cdots ① \\ x-2=-2x+2y-3 & \cdots ② \end{cases}$

として解く。①の両辺を10倍して,
$$2(4x+1)-(y-3)=10(x-2)$$
$$→ \ 2x+y=25 \quad \cdots ③$$

②を整理して, $3x-2y=-1 \quad \cdots ④$

③×2+④より, $7x=49 \ → \ x=7$

これを③に代入して, $2×7+y=25 \ → \ y=11$

3 (1) $a=11, \ b=-5$　(2) $a=2, \ b=-5$

解説 (1) 上の式に $x=2, \ y=-1$ を代入すると,
$$a×2-4b×(-1)-2=0$$
$$→ \ 2a+4b-2=0 \quad a+2b=1 \cdots ①$$

下の式に $x=2, \ y=-1$ を代入すると,
$$2-3a×(-1)+7b=0$$
$$→ \ 3a+7b=-2 \quad \cdots ②$$

①, ②を連立方程式として解くと,
$$a=11, \quad b=-5$$

(2) ㋐ $\begin{cases} x+2y=-5 & \cdots ① \\ ax+by=26 & \cdots ② \end{cases}$

の解の x と y の値を入れかえると,

㋑ $\begin{cases} x+y=-1 \\ ax-by=7 \end{cases}$ の解になることから,

㋐の連立方程式と, ㋑の x, y を入れかえた

㋒ $\begin{cases} y+x=-1 & \cdots ③ \\ ay-bx=7 & \cdots ④ \end{cases}$

の連立方程式が同じ解をもつ。

したがって, まず①と③を連立方程式として解くと,
$$x=3, \quad y=-4$$

これを, ②と④に代入すると,
$$\begin{cases} 3a-4b=26 \\ -4a-3b=7 \end{cases}$$

この連立方程式を a, b について解くと,
$$a=2, \quad b=-5$$

4 兄…2360円, 弟…1600円

解説 兄が最初に持っていたおこづかいを x 円, 弟が最初に持っていたおこづかいを y 円とすると,
$$\begin{cases} x+y=3960 \\ x-1470=2(y-1155) \end{cases}$$

下の式のかっこをはずして整理すると,
$$\begin{cases} x+y=3960 & \cdots ① \\ x-2y=-840 & \cdots ② \end{cases}$$

①-②より, $3y=4800 \ → \ y=1600$

これを①に代入すると, $x=3960-1600=2360$

5 A中学校…350人，B中学校…120人

解説 A中学校とB中学校の生徒数を，それぞれ x 人，y 人とすると，

$$\begin{cases} x=3y-10 & \cdots① \\ 0.3x+0.35y=147 & \cdots② \end{cases}$$

②の両辺を20倍すると，$6x+7y=2940$　…③

③に①を代入すると，

$6(3y-10)+7y=2940 \;\rightarrow\; y=120$

これを①に代入して，$x=3\times120-10=350$

6 Aさん…5%，Bさん…11%

解説 AさんとBさんがはじめにつくった食塩水の濃度を，それぞれ $x\%$，$y\%$ とすると，

$$\begin{cases} 100\times\dfrac{x}{100}+100\times\dfrac{y}{100}=200\times\dfrac{8}{100} \\ 100\times\dfrac{x}{100}+200\times\dfrac{y}{100}=300\times\dfrac{9}{100} \end{cases}$$

それぞれ整理すると，$\begin{cases} x+y=16 & \cdots① \\ x+2y=27 & \cdots② \end{cases}$

②−①より，$y=11$

これを①に代入すると，

$x+11=16 \;\rightarrow\; x=5$

7 野菜A…125g，野菜B…500g

解説 野菜Aを x g，野菜Bを y g使うとすると，

$$\begin{cases} 0.4\times\dfrac{x}{100}+0.5\times\dfrac{y}{100}=3 \\ 44\times\dfrac{x}{100}+6\times\dfrac{y}{100}=85 \end{cases}$$

それぞれ整理すると，$\begin{cases} 4x+5y=3000 & \cdots① \\ 44x+6y=8500 & \cdots② \end{cases}$

①×11−②より，$49y=24500$，$y=500$

これを①に代入すると，$4x=500 \;\rightarrow\; x=125$

---

1 1次関数の式とグラフ

Step 1 基礎力チェック問題 （p.36-37）

1 ⑦

解説 それぞれを式に表すと，⑦ $y=\dfrac{30}{x}$，

① $y=10x+900$，⑦ $y=\dfrac{1}{2}\pi x^2$

したがって，1次関数は①。⑦は，x の2次式。

2 (1) 4　(2) −3

解説 (2)（変化の割合）$=\dfrac{（y\,の増加量）}{（x\,の増加量）}$

$=\dfrac{(-3\times5+5)-(-3\times2+5)}{5-2}=-3$

また，変化の割合は $y=ax+b$ の a に等しいから，$y=-3x+5$ では，−3である。

3 (1) 傾き5，切片 −3　(2) 傾き $-\dfrac{1}{3}$，切片 8

(3) $y=4x+2$

解説 (1)(2) $y=ax+b$ の a が傾き，b が切片。

(3) $y=ax+b$ の a に 4 を，b に 2 を代入する。

4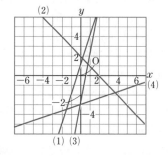

解説 (1) 切片が 1 だから，点 $(0, 1)$ を通る。傾きが 3（→ x が 1 増えると y は 3 増える）だから，点 $(1, 4)$ を通る。この 2 点を通る直線をひく。

(4) 切片が −3 だから，点 $(0, -3)$ を通る。また，$x=3$ のとき $y=\dfrac{1}{3}\times3-3=-2$ だから，

点 $(3, -2)$ を通る。この 2 点を通る直線をひく。

5 (1) $y=2x+5$　(2) $y=-5x+6$

(3) $a=1$，$b=1$

解説 (1) 直線 $y=2x$ を，y 軸の正の方向に 5 だけ平行移動させると，点 $(0, 5)$ を通ることになり，切片が 5 になる，と考えるとよい。

(2) $y=-5x+b$ に $x=1$，$y=1$ を代入して b の値を求めると，$b=6$

(3) $y=ax+b$ に 2 点 $(2, 3)$，$(-2, -1)$ の座標の値を代入すると，

$$\begin{cases} 3=2a+b & \cdots① \\ -1=-2a+b & \cdots② \end{cases}$$

これを a, b についての連立方程式として解くと，
①＋②より，$2b=2 \rightarrow b=1$
これを①に代入して，$2a+1=3 \rightarrow a=1$

Step 2 実力完成問題　　　(p.38-39)

1 (1) 1次関数ではない。 (2) 1次関数である。
　(3) 1次関数ではない。
[解説] 式に表したときに，y が x の1次式で表せれば1次関数である。
(1) $y=x^2 \rightarrow x$ の2次式
(2) $y=10-4x \rightarrow x$ の1次式
(3) $y=\dfrac{24}{x} \rightarrow$ 反比例の式

> **ミス対策** 1次関数 $\Leftrightarrow y=ax+b\,(a\neq0)$ の形に表せるかがポイント。(2)はこの形になるが，(3)はこの形に表せない。

2 (1) $y=3x+2$ (2) 2 (3) 9 (4) 3
[解説] (1)表より，$x=-1$ のとき $y=-1$，また，$x=2$ のとき $y=8$ だから，これらを $y=ax+b$ の式に代入すると，$\begin{cases} -1=-a+b & \cdots① \\ 8=2a+b & \cdots② \end{cases}$
①，②を連立方程式として解くと，$a=3$，$b=2$
よって，求める式は，$y=3x+2$
(2) $y=3x+2$ に $x=0$ を代入すると，$y=2$
(3) （y の増加量）＝（変化の割合）×（x の増加量）で，変化の割合が3だから，$3\times3=9$
(4) 1次関数の変化の割合はつねに一定で，a の値。

3 (1) $y=-2x+7$ (2) $y=\dfrac{4}{3}x+2$
　(3) $y=2x+2$ 　(4) $y=x+4$
　(5) $y=-x+6$
[解説] 求める1次関数の式を $y=ax+b$ とおいて，a，b の値を求める。
(1) 変化の割合が $-2 \rightarrow a=-2$　$y=-2x+7$ の式に $x=3$，$y=1$ を代入して b の値を求める。
(2) x の値が3増加すると y の値は4増加する
　$\rightarrow$ 変化の割合が $\dfrac{4}{3} \rightarrow a=\dfrac{4}{3} \rightarrow y=\dfrac{4}{3}x+b$ に
$x=3$，$y=6$ を代入して b の値を求めると，$b=2$
(3) $y=ax+b$ に $x=-2$，$y=-2$ と $x=2$，$y=6$ をそれぞれ代入すると，$\begin{cases} -2=-2a+b \\ 6=2a+b \end{cases}$
この連立方程式を解くと，$a=2$，$b=2$

(4) 切片4 $\rightarrow y=ax+4$ に点 (1, 5) の座標の値を代入して a の値を求めると，$5=a+4 \rightarrow a=1$
(5) $y=ax+b$ に2点の座標の値を代入すると，
$\begin{cases} 6=b \\ 0=6a+b \end{cases}$ これより，$\begin{cases} a=-1 \\ b=6 \end{cases}$

4 (1) $y=3x+1$ (2) $y=x-5$
　(3) $y=-2x-2$
[解説] グラフから，切片と傾きを求める。
(1) グラフは2点 (0, 1)，(1, 4) を通るから，
切片 b は1　傾き a は $\dfrac{4-1}{1-0}=3$
よって，求める直線の式は，$y=3x+1$
(2) グラフは2点 (0, -5)，(5, 0) を通るから，
切片 b は -5　傾き a は $\dfrac{0-(-5)}{5-0}=1$
よって，求める直線の式は，$y=x-5$
(3) グラフは2点 (0, -2)，(1, -4) を通るから，
切片 b は -2　傾き a は $\dfrac{-4-(-2)}{1-0}=-2$
よって，求める直線の式は，$y=-2x-2$

5 (1) $y=2$ (2) $y\leqq2$ (3) $2\leqq y\leqq5$
[解説] (1)1次関数の式に $x=2$ を代入して求める。
(2) グラフの傾きが負だから，$x\geqq2$ のとき，$y\leqq2$ である。（右の図）
(3) $x=-4$ のとき，$y=5$
これと(1)より，
　$2\leqq y\leqq5$

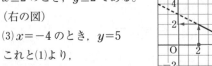

6 $p=2$
[解説] $y=-4x+10$ に $x=p$，$y=p$ を代入すると，$p=-4p+10 \rightarrow p=2$

7 (1) ㋓ (2) ㋕ (3) ㋐ (4) ㋖ (5) ㋒ (6) ㋑
[解説] グラフの傾き(a)が正なら右上がり，負なら右下がりになる。また，$x=0$ のとき，切片(b)が正なら $y>0$，負なら $y<0$ になることから考える。
(1) 切片 b が負，傾き a が負だから，㋓
(2) 切片 b が0，傾き a が正だから，㋕
(3) 切片 b が正，傾き a が正だから，㋐
(4) 切片 b が0，傾き a が負だから，㋖
(5) 切片 b が正，傾き a が負だから，㋒
(6) 切片 b が負，傾き a が正だから，㋑

2　方程式とグラフ

Step 1　基礎力チェック問題　（p.40-41）

1 (1)$y=\dfrac{1}{3}x-2$　(2)**傾き…$\dfrac{1}{3}$，切片…-2**

(3)$(6, 0)$

解説 (3)$y=\dfrac{1}{3}x-2$ に $y=0$ を代入して x の値を求
めると，$x=6$ だから，x 軸との交点は $(6, 0)$。
<u>x 軸との交点は y 座標が 0，y 軸との交点は x 座標
が 0</u> になる。

2

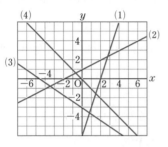

解説 それぞれ $y=ax+b$ の形になおすと，

(1)$y=3x-6$，(2)$y=\dfrac{1}{2}x+1$，(3)$y=-\dfrac{2}{3}x-3$，

(4)$y=-x$ となるから，これらのグラフをかく。

3 (1)エ　(2)ア

解説 $y=k$ のグラフは，点 $(0, k)$ を通り x 軸に平
行な直線。$x=h$ のグラフは，点 $(h, 0)$ を通り，y
軸に平行な直線である。

4 (1)$x=1$，$y=1$　(2)$\left(\dfrac{3}{2}, \dfrac{1}{2}\right)$

(3)$(6, 3)$

解説 (1) グラフの交点の x 座標が解の x の値，y 座
標が解の y の値になる。

(2)(3) それぞれの連立方程式を解き，その解が
$x=p$，$y=q$ であれば，交点の座標は (p, q) である。

Step 2　実力完成問題　（p.42-43）

1

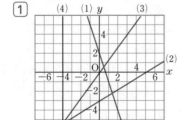

解説 それぞれ $y=ax+b$ の形になおすと，

(1)$y=-3x+2$，(2)$y=\dfrac{3}{5}x-3$，(3)$y=\dfrac{4}{3}x$ とな る

ので，これらのグラフをかけばよい。

(4)を変形すると，$x=-4$ となり，点 $(-4, 0)$ を通
る y 軸に平行な直線になる。

2 (1)**右の図の(1)**

(2)**右の図の(2)**

(3)$x=-2$，

$y=-1$

解説 (1)(2) 変形
すると，

(1)$y=-\dfrac{1}{2}x-2$

(2)$y=\dfrac{3}{2}x+2$ となる。

(3)図より，交点の座標は $(-2, -1)$ だから，
$x=-2$，$y=-1$ が解となる。

3 (1)$y=3$　　　(2)$y=2x+3$

(3)$y=-\dfrac{2}{3}x-2$　(4)$\left(-\dfrac{15}{8}, -\dfrac{3}{4}\right)$

解説 (1)点 $(0, 3)$ を通り，x 軸に平行な直線だから，
$y=3$

> **ミス対策** y の値がつねに 3 だから，$y=3$ と
> 考える。

(2)(3) グラフから，傾きと切片を読み取る。

(4) $\begin{cases} y=2x+3 & \cdots② \\ y=-\dfrac{2}{3}x-2 & \cdots③ \end{cases}$

の連立方程式を解く。③の両辺に 3 をかけると，

　　$3y=-2x-6$　…④

④に②を代入すると，$3(2x+3)=-2x-6$

整理すると，$8x=-15 \rightarrow x=-\dfrac{15}{8}$

これを②に代入すると，$y=2\times\left(-\dfrac{15}{8}\right)+3=-\dfrac{3}{4}$

したがって，求める交点の座標は $\left(-\dfrac{15}{8}, -\dfrac{3}{4}\right)$

4 (1)$y=-3$　(2)$x=2$

解説 (1)$\begin{cases} 2x+y=-2 \\ -4x-3y=7 \end{cases}$

を連立方程式として解くと，$x=\dfrac{1}{2}$，$y=-3$

よって，交点の座標は $\left(\dfrac{1}{2}, -3\right)$

この点を通り，x 軸に平行な直線の式は，$y=-3$

(2) 2つの直線の式を連立方程式として解くと，
　　$x=2$，$y=-1$ → 交点の座標は $(2，-1)$
　この点を通り，y 軸に平行な直線の式は，$x=2$

⑤ $a=5$

解説 ①と②の式を連立方程式として解くと，
$x=6$，$y=7$　つまり，交点の座標は $(6，7)$
この交点を③の直線も通ることから，③の式に
$x=6$，$y=7$ を代入して a の値を求めると，
$a=2\times6-7=5$

⑥ ⑦

解説 $ab>0$ より，$b\neq0$。よって，直線の式
$ax+by+c=0$ を y について解くと，
$$y=-\frac{a}{b}x-\frac{c}{b}$$
$ab>0$ より，a と b は同符号である。
$ac<0$ より，a と c は異符号だから，b と c も異符号。
これらのことから，$-\dfrac{a}{b}<0$，$-\dfrac{c}{b}>0$ となる。
切片が正だから，⑦と④の部分を通る。
また，傾きが負だから右下がりの直線になり，④の
部分を通る。
よって，この直線が通らないのは⑦の部分である。

⑦ (1) $a=-\dfrac{3}{4}$，$b=17$　(2) $a=2$

解説 (1) $y=ax+2$ に $x=-4$，$y=5$ を代入して a の
値を求めると，$5=-4a+2$ → $a=-\dfrac{3}{4}$
$y=3x+b$ に $x=-4$，$y=5$ を代入して b の値を求
めると，$5=-12+b$ → $b=17$
(2) 切片が 7 だから，直線 m の式は，$y=3x+7$
これに $x=-5$ を代入すると，
$y=3\times(-5)+7=-8$ だから，点 P の座標は
$(-5，-8)$
直線 ℓ の式に $x=-5$，$y=-8$ を代入して a の値を
求めると，$-8=-5a+2$ → $a=2$

3　1次関数の応用

(Step 1) 基礎力チェック問題　(p.44-45)

① (1) $y=\dfrac{1}{2}x+8$　(2) 24 g

解説 (1) $y=ax+b$ とおくと，題意から，
$$\begin{cases}12=8a+b\\14=12a+b\end{cases}$$ これを解くと，$a=\dfrac{1}{2}$，$b=8$
したがって，求める式は，$y=\dfrac{1}{2}x+8$　…①

---

(2) ①の式に $y=20$ を代入すると，$20=\dfrac{1}{2}x+8$
これを解くと，$x=24$ だから，24 g

② (1) P$\left(\dfrac{12}{5}，\dfrac{12}{5}\right)$　(2) P$\left(3，\dfrac{3}{2}\right)$

解説 点 P の x 座標を t とすると，y 座標は
$-\dfrac{3}{2}t+6$ と表せる。
(1) 四角形 OQPR が正方形になるとき，点 P の x
座標と y 座標は等しくなるから，
$$t=-\frac{3}{2}t+6 \rightarrow t=\frac{12}{5}$$
よって，このときの点 P の座標は，P$\left(\dfrac{12}{5}，\dfrac{12}{5}\right)$
(2) PQ：PR=1：2 ならば，PR=2PQ
PR は点 P の x 座標で t，PQ は y 座標で $-\dfrac{3}{2}t+6$
だから，$t=2\times\left(-\dfrac{3}{2}t+6\right) \rightarrow t=3$
よって，このときの点 P の座標は，P$\left(3，\dfrac{3}{2}\right)$

③ (1) 18 cm²　(2) P$(5，3)$

解説 (1) 点 A は直線②上の点で，y 座標が 0 だから，
$0=-3x+18$ より，x 座標は 6
したがって，△OAB の底辺 OA=6 cm
また，点 B は直線①と②の交点だから，これらを
連立方程式として解くと，$\dfrac{3}{2}x=-3x+18 \rightarrow x=4$
$y=-3\times4+18=6$　　よって，B$(4，6)$
△OAB の高さは，点 B の y 座標だから 6 cm
$$\triangle OAB=\frac{1}{2}\times6\times6=18（cm^2）$$
(2) △OAP の面積が△OAB の面積の半分になると
き，底辺 OA は共通だから，高さ（P の y 座標）が
半分になるということ。つまり，点 P の y 座標は 3。
これを②の式に代入すると，$3=-3x+18$
これより，$x=5$　　よって，P$(5，3)$

④ (1) A…分速 60 m，B…分速 160 m　(2) 48 分後

解説 (1) A は 80 分で 4800 m 進んでいるから，
　　$4800\div80=60$ → 分速 60 m
B は 30 分で 4800 m 進んでいるから，
　　$4800\div30=160$ → 分速 160 m
(2) 直線 A の式は，$y=60x$　…①
直線 B は 2 点 $(30，0)$，$(60，4800)$ を通るから，
$y=ax+b$ とおいて，2 点の座標を代入すると，
$$\begin{cases}0=30a+b\\4800=60a+b\end{cases} \rightarrow a=160，b=-4800$$
よって，直線 B の式は，$y=160x-4800$　…②

20

①と②を連立方程式とすると，$60x=160x-4800$
これより $x=48$ となり，48分後。
この場合，求めるのはBがAを追いこした時間だから，AとBのグラフの交点の x 座標である。y 座標は出発点からの道のりを表すので注意。

Step 2 実力完成問題　　　（p.46-47）

1 (1) **水を熱する前の水温**
　(2) **1分間に上がる水温**
　(3) **50℃**　(4) **8分後**
解説 (1) $x=0$ のときの y の値（水温）。
(2) 変化の割合。この場合，1分ごとの水温の変化量。
(3) $y=8.5x+16$ に $x=4$ を代入すると，
　　$y=8.5\times4+16=50$
(4) $y=8.5x+16$ に $y=84$ を代入すると，
　　$84=8.5x+16 \rightarrow x=8$
よって，8分後。

2 (1) $\mathrm{P}\left(-\dfrac{1}{2},\ 7\right)$　(2) $\mathrm{R}\left(\dfrac{3}{2},\ 3\right)$　(3) $8\ \mathrm{cm}^2$
解説 (1) 点Pは直線 $y=-2x+6$ と $y=7$ の交点だから，これらを連立方程式として解くと，
　$-2x+6=7 \rightarrow x=-\dfrac{1}{2}$　　よって，$\mathrm{P}\left(-\dfrac{1}{2},\ 7\right)$
(2) $y=-2x+6$ と $y=2x$ を連立方程式として解くと，$x=\dfrac{3}{2}$，$y=3$　　よって，$\mathrm{R}\left(\dfrac{3}{2},\ 3\right)$
(3) 点Qの座標は，$y=2x$ と $y=7$ を連立方程式として解くと，$x=\dfrac{7}{2}$，$y=7 \rightarrow \mathrm{Q}\left(\dfrac{7}{2},\ 7\right)$
△PQR の底辺 PQ の長さは，$\dfrac{7}{2}-\left(-\dfrac{1}{2}\right)=4$
高さは，（Qの y 座標）−（Rの y 座標）$=7-3=4$
よって，△PQR $=\dfrac{1}{2}\times4\times4=8(\mathrm{cm}^2)$

3 (1) $\dfrac{25}{2}\ \mathrm{cm}^2$　(2) $y=\dfrac{5}{9}x-\dfrac{8}{9}$
解説 (1) △ABC の底辺 BC の長さは，
　$3-(-2)=5$
高さは，（Aの x 座標）−（Cの x 座標）だから，
　$3-(-2)=5$
よって，△ABC $=\dfrac{1}{2}\times5\times5=\dfrac{25}{2}(\mathrm{cm}^2)$
(2) △ABP＝△CBP より，点Pは2点A，Cの中点だから，点Pの x 座標は，$\dfrac{2+3}{2}=\dfrac{5}{2}$
点Pの y 座標は，$\dfrac{3+(-2)}{2}=\dfrac{1}{2} \rightarrow \mathrm{P}\left(\dfrac{5}{2},\ \dfrac{1}{2}\right)$

点 B$(-2,\ -2)$，点 $\mathrm{P}\left(\dfrac{5}{2},\ \dfrac{1}{2}\right)$ を通る直線の式を $y=ax+b$ として求めると，
$$\begin{cases} -2=-2a+b \\ \dfrac{1}{2}=\dfrac{5}{2}a+b \end{cases} \rightarrow a=\dfrac{5}{9},\ b=-\dfrac{8}{9}$$

4 (1) $y=\dfrac{7}{2}x$　(2) $4\leqq x\leqq11$　(3) $y=14$
　(4) $y=-\dfrac{7}{2}x+\dfrac{105}{2}$
解説 (1) △APD は右の図のようになるから，
$$y=\dfrac{1}{2}\times7\times x=\dfrac{7}{2}x$$

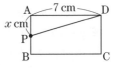

(3) AD を底辺とすると，高さは 4 cm で一定だから，$y=\dfrac{1}{2}\times7\times4=14$
(4) PD を底辺とすると，
　PD$=4+7+4-x=15-x(\mathrm{cm})$
高さ AD は 7 cm だから，
$$y=\dfrac{1}{2}\times(15-x)\times7=-\dfrac{7}{2}x+\dfrac{105}{2}$$

> **ミス対策** PD の長さを表すとき，$(4-x)$cm としないこと。x は点 A から動いた道のりだから，
> PD＝AB＋BC＋CD−x として計算する。

5 (1) $y=-2x+10$　　(2) $(t,\ -2t+10)$
　(3) $(-2t,\ -2t+10)$　(4) $3t$　(5) $6\ \mathrm{cm}$
解説 (1) 傾きは，$\dfrac{0-10}{5-0}=-2$　切片は 10
(2) $y=-2x+10$ に $x=t$ を代入して点Qの y 座標を求める。
(3) PRSQ は長方形だから，点Pの y 座標はQと同じで $y=-2t+10$
これを $y=x+10$ に代入して，$x=-2t$
(4) PQ 間の距離は，（Qの x 座標）−（Pの x 座標）だから，$t-(-2t)=3t$
(5) 線分 PR の長さを t を使って表すと，$-2t+10$
長方形 PRSQ が正方形のとき，PR＝PQ だから，
$-2t+10=3t \rightarrow t=2$
したがって，1辺の長さ PQ $=3\times2=6(\mathrm{cm})$

1 ⑦，①，⑦

解説 $y=ax+b$ の形に表すことができるものが1次関数。ただし，b は0でもよい。

2 (1) $y=4x-3$ (2) $y=-2x+15$

(3) $y=-\dfrac{1}{2}x-1$ (4) $y=-3$

解説 (2)平行な直線は傾きが等しいから，

$y=-2x+b$ とおいて，$x=6$，$y=3$ を代入して b を求めると，$b=15$

(3)$y=ax+b$ とおいて，2点 $(4,\ -3)$，$(-4,\ 1)$ の座標の値を代入すると，$\begin{cases} -3=4a+b \\ 1=-4a+b \end{cases}$

これを解くと，$a=-\dfrac{1}{2}$，$b=-1$

3 (1) $y=\dfrac{2}{5}x+2$ (2) $y=-\dfrac{5}{3}x-5$

(3) $y=\dfrac{3}{2}x-3$ (4) $y=\dfrac{4}{3}x+4$

(5) $y=-4$

解説 それぞれ傾きと切片をグラフから読み取って答える。

(1)切片は2。傾きは，x が5増えると y は2増えるから $\dfrac{2}{5}$ → $y=\dfrac{2}{5}x+2$

(2)2点 $(-3,\ 0)$，$(0,\ -5)$ を通る。切片は -5

傾きは x の3増加に対して，y は5減少 → $-\dfrac{5}{3}$

4 (1) $P\left(\dfrac{2}{3},\ \dfrac{11}{3}\right)$ (2) $A(-5,\ -2)$

(3) 17 cm (4) $\dfrac{289}{6}$ cm²

解説 (1) 直線①，②の交点の座標は，①，②の式を連立方程式として解いた解の組である。

(2) 直線 $y=-2$ は，点 $(0,\ -2)$ を通り，x 軸に平行な直線だから，①との交点 A の座標は $(-5,\ -2)$。

(3)直線 $y=-2$ と直線②の交点の x 座標は，$y=-2$ を②の式に代入して，

$-2=-\dfrac{1}{2}x+4$ → $x=12$

よって，$B(12,\ -2)$

点 A，B は y 座標が等しいので，線分 AB の長さは x 座標の差である。よって，$12-(-5)=17$(cm)

(4)△PABの底辺をABとすると，高さは

$\dfrac{11}{3}-(-2)=\dfrac{17}{3}$(cm)

したがって，$\triangle PAB=\dfrac{1}{2}\times17\times\dfrac{17}{3}$

$=\dfrac{289}{6}$(cm²)

5 (1) $y=-2x+6$

(2) **時刻…午前9時20分，場所…$\dfrac{10}{3}$ km**

解説 (1) 右の図の黒丸を原点とした座標でのグラフを考える。このとき，問題に「x 時間後」とあるので，x 座標の目もり

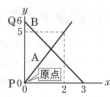

は，8，9，10，11がそれぞれ0，1，2，3になることに注意する。図からBのグラフは，2点 $(0,\ 6)$，$(3,\ 0)$ を通るから，この2点を通る直線の式を求めると，$y=-2x+6$ …①

(2)上の図からAのグラフの式を求めると，

$y=\dfrac{5}{2}x$ …②

①，②の式からAとBの交点(AとBが出会った時間と場所)を求めると，

$\dfrac{5}{2}x=-2x+6$ → $x=\dfrac{4}{3}$，$y=\dfrac{5}{2}\times\dfrac{4}{3}=\dfrac{10}{3}$

この x の値は出会うまでの時間を表しているから，

$\dfrac{4}{3}$ 時間 $=1\dfrac{1}{3}$ 時間 → 1時間20分後

したがって，出会った時刻は，午前9時20分で，場所は，P地点から $\dfrac{10}{3}$ km の地点である。

6 $a=2$，$b=1$

解説 $y=ax+5$ で，

$x=-3$ のとき，$y=-3a+5$ …①

$x=1$ のとき，$y=a+5$ …②

$y=-2x+b$ で，$x=-3$ のとき，$y=6+b$ …③

$x=1$ のとき，$y=-2+b$ …④

$a>0$ で，y の変域が一致するから，①と④，②と③が等しくなり，$\begin{cases} -3a+5=-2+b & …⑤ \\ a+5=6+b & …⑥ \end{cases}$

⑤，⑥を連立方程式として解くと，$a=2$，$b=1$

定期テスト予想問題 ② (p.50-51)

1 (1) $y=-3x+6$　　(2) $y=\dfrac{3}{8}x-2$

(3) $y=-\dfrac{6}{7}x+\dfrac{30}{7}$　(4) $x=-5$

解説 (2) $y=ax-2$ に $x=8$, $y=1$ を代入して a の値を求める。

(3) $y=ax+b$ に2点の座標を代入して a, b を求める。

2 8

解説 点 Q の x 座標を a とすると，点 P の座標は

$\left(a, \dfrac{1}{2}a+4\right)$ で，OQ=PQ から，

$a=\dfrac{1}{2}a+4$ → $a=8$

3 28分

解説 $12\leqq x\leqq20$ のとき，$y=100x-600$ だから，

$x=20$ のとき，$y=100\times20-600=1400$ (m)

これは，家から学校までの道のりを表している。

また，$x=12$ のとき，$y=100\times12-600=600$ (m)

これは A さんがはじめの 12 分間に歩いた道のりを表している。つまり，はじめの 12 分間の A さんの速さは，

$600\div12=50$ → 分速 50 m

だから，最後までこの速さで歩くと，

$1400\div50=28$ (分) かかる。

4 (1) $-\dfrac{1}{2}$　(2) C$(12, 0)$　(3) $\dfrac{24}{7}$

(4) Q$(6, 7)$

解説 (1) 傾きは，$\dfrac{2-5}{8-2}=-\dfrac{1}{2}$

(2) 直線 AB の式を，$y=-\dfrac{1}{2}x+b$ とすると，

これは点 A$(2, 5)$ を通るから，

$5=-\dfrac{1}{2}\times2+b$ → $b=6$

よって，直線 AB の式は，$y=-\dfrac{1}{2}x+6$

点 C はこの直線上にあり，y 座標が 0 だから，

$0=-\dfrac{1}{2}x+6$ → $x=12$

よって，C$(12, 0)$

(3) 点 P の x 座標を p とすると，

$\triangle$AOP$=\dfrac{1}{2}\times p\times5=\dfrac{5}{2}p$

$\triangle$BPC$=\dfrac{1}{2}\times(12-p)\times2=12-p$

$\triangle$AOP$=\triangle$BPC のとき，

$\dfrac{5}{2}p=12-p$ → $p=\dfrac{24}{7}$

(4) 点 P から点 B には，x 軸方向に 4，y 軸方向に 2 進めばよい。点 A から点 Q への進み方も同じだから，

$\left.\begin{array}{l}\text{Q の } x \text{ 座標は，} 2+4=6 \\ \text{Q の } y \text{ 座標は，} 5+2=7\end{array}\right\}$ → Q$(6, 7)$

5 (1) $y=15x+300$　(2) 30分以上

解説 (1) 変化の割合は 15 だから，$y=15x+b$

$x=60$ のとき $y=1200$ だから，

$1200=15\times60+b$ → $b=300$

(2) 基本料金は A コースのほうが高いが，通話時間が 60 分のとき，B コースは，$600+20\times60=1800$ (円) で，B コースのほうが高い。

よって，$0<x<60$ の間で料金の大小関係が逆転し，B コースのほうが高くなる。

また，60 分以上のとき，B コースのほうが 1 分あたりの通話料金が高いので，再び大小関係が逆転することはない。

よって，右の B のグ

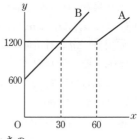

ラフから，$y=1200$ のときの

x の値を求めると，

$600+20x=1200$ → $x=30$

1 平行線と角

Step 1 基礎力チェック問題 （p.52-53）

1. (1)① 180　② b　③ c
   (2) $\angle b=180°-\angle a$，$\angle d=180°-\angle a$
   (3) $\angle b=115°$，$\angle c=65°$
   [解説] (3) $\angle b=180°-\angle a=180°-65°=115°$
   $\angle c=\angle a=65°$

2. (1) $\angle e$　(2) $\angle c$　(3) $\angle e$　(4) $\angle b$
   [解説] 同位角・錯角の位置は正しく覚えること。な
   お，2直線が平行でなくても同位角・錯角というが，
   その場合，同位角・錯角は等しくない。

3. (1) $\angle d$，$\angle f$，$\angle h$　(2) $\angle a$，$\angle c$，$\angle g$
   [解説] (1) $\angle d$ は対頂角，$\angle f$ は同位角，$\angle h$ は錯角だ
   から，それぞれ等しい。
   (2) $\angle a$ は同位角，$\angle c$ は錯角，$\angle g$ は対頂角。

4. (1) 120°　(2) 60°
   [解説] (1) 平行線の同位角だから，$\angle x=120°$
   (2) $\angle y=180°-\angle x=180°-120°=60°$

5. (1) 70°　(2) 110°
   (3) 〔説明〕 AB//DC だから，$\angle x=70°$
   AD//BC だから，$\angle z=\angle x=70°$
   [解説] (1) AB//DC で，$\angle$B と $\angle x$ は同位角だから，
   $\angle x=\angle$B$=70°$
   (2) $\angle y=180°-\angle x=180°-70°=110°$

Step 2 実力完成問題 （p.54-55）

1. (1) 83°　(2) 47°　(3) 180°
   [解説] (1) $\angle a$ と 83° の角は対頂角で等しい。
   (2) $\angle b$ と 47° の角は対頂角で等しい。
   (3) $\angle c$ の対頂角と $\angle a$，$\angle b$ の和は一直線の角。

2. (1) $\angle x=50°$，$\angle y=130°$
   (2) $\angle x=110°$，$\angle y=120°$
   [解説] (1) 50° の角の対頂角と $\angle x$ は，平行線の同位角
   で等しい。また，$\angle y=180°-\angle x=130°$
   (2) $\angle x$ と 110° の角は，平行線の錯角で等しい。
   また，$\angle y=180°-60°=120°$

3. (1) 100°　(2) 70°
   [解説] (1) 右の図のように，
   $\angle x$ の点を通り，直線 ℓ，
   m に平行な直線をひく
   と，平行線の錯角が等しいことから，
   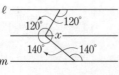

$\angle x=360°-(120°+140°)=100°$
(2) 右の図のように，$\angle x$
の点を通り，直線 ℓ，m
に平行な直線をひくと，
$\angle a=180°-150°$
$=30°$
$\angle x=\angle a+40°=30°+40°=70°$
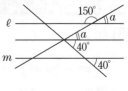

4. (1) a//c，b//e　(2) $\angle x=\angle z$，$\angle y=\angle v$
   [解説] (1) 右の図で，
   錯角が等しいので
   a//c，同位角が等し
   いので b//e である。
   (2) (1)より，a//c で
   同位角だから $\angle x=\angle z$，
   b//e で対頂角どうしが錯角だから $\angle y=\angle v$
   である。
   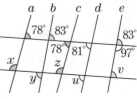

5. (1) $2a°$　(2) $90°-2a°$
   [解説] (1) 折り返した角だから，$\angle$DFG$=\angle$EFG
   よって，$\angle$DFE$=2a°$
   AD//BC で，平行線の錯角だから，
   $\angle$BEF$=\angle$DFE$=2a°$
   (2) 折り返した角だから，$\angle$FEG$=\angle$FDG$=90°$
   よって，$\angle$CEG$=180°-\angle$BEF$-\angle$FEG
   $=180°-2a°-90°$
   $=90°-2a°$

   > **ミス対策** 紙を折り返した部分をもとにもどし
   > て考えると，どの角とどの角が等しいかが
   > わかる。

6. (1) 46°　(2) 120°
   [解説] (1) 右の図のよう
   に 32° の角と $\angle x$ の点
   をそれぞれ通り，直線
   ℓ，m に平行な直線を
   ひくと，
   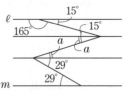
   $180°-165°=15°$，$\angle a=32°-15°=17°$
   $\angle x=\angle a+29°=17°+29°=46°$
   (2) 右の図のように
   130° の角と $\angle x$ の点を
   それぞれ通り，直線 ℓ，
   m に平行な直線をひ
   くと，
   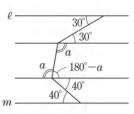
   $\angle a=130°-30°=100°$
   $\angle x=(180°-\angle a)+40°$
   $=(180°-100°)+40°=120°$

2 多角形の内角と外角

Step 1 基礎力チェック問題 （p.56-57）

1 (1) $80°$ (2) $100°$ (3) $70°$ (4) $28°$

解説 (1) $\angle x=180°-(60°+40°)=80°$

(2) $\angle x=30°+70°=100°$

(3) $60°+\angle x=130°$ → $\angle x=130°-60°=70°$

(4) $\angle x+38°=66°$ → $\angle x=66°-38°=28°$

2 〔説明〕 DE//BC だから，

$$\angle B=\angle DAB,$$
$$\angle C=\angle EAC$$

したがって，

$$\angle A+\angle B+\angle C=\angle A+\angle DAB+\angle EAC$$
$$=180°$$

解説 平行線の錯角を使って，$\angle B$ と $\angle C$ を $\angle A$ の
まわりに集め，一直線の角 $=180°$ を使う。

3 ㋐ 180 ㋑ ABC

解説 $\angle A+\angle C=180°-\angle ABC$ であること，
$\angle ABD$ も $180°-\angle ABC$ と表せることを使って，
$\angle A+\angle C=\angle ABD$ を説明する。

4 (1) $360°$ (2) 3つ (3) $540°$

解説 (1) 1本の対角線で2つの三角形に分けられる
から，$180°\times2=360°$

(3) $180°\times3=540°$

5 (1) $900°$ (2) $1260°$ (3) $360°$

解説 n 角形の内角の和 $=180°\times(n-2)$ である。

(1) $n=7$ を代入すると，$180°\times(7-2)=900°$

(2) $n=9$ を代入すると，$180°\times(9-2)=1260°$

(3) どんな多角形でも，外角の和は $360°$

Step 2 実力完成問題 （p.58-59）

1 (1) $126°$ (2) $30°$

解説 (1) $\angle ABC=180°-132°=48°$

三角形の外角と内角の関係から，

$\angle x=\angle A+\angle ABC=78°+48°=126°$

(2) 三角形の外角と内角の関係から，

$\angle BED=50°+30°=80°$

また，$\angle BED=50°+\angle x$

よって，$50°+\angle x=80°$

これより，$\angle x=80°-50°=30°$

2 $85°$

解説 $\angle BAC=180°-(50°+60°)=70°$

より，$\angle BAD=70°\div2=35°$

△ABD の外角と内角の関係から，

$\angle x=50°+35°=85°$

別解 上と同様に，$\angle BAC=70°$

よって，$\angle CAD=70°\div2=35°$

したがって，$\angle x=180°-(35°+60°)=85°$

3 (1) $35°$ (2) $47°$

解説 (1) $\angle CED=180°-147°=33°$

△CDE の外角と内角の関係から，

$\angle x+33°=68°$ → $\angle x=68°-33°=35°$

(2) 点 B を通って，直線 ℓ, m に平行な直線をひくと，
平行線の錯角の関係から，

$\angle y=12°+\angle x=12°+35°=47°$

> **ミス対策** 実際に平行な補助線を図にかいて考
> えよう。

4 (1) $720°$ (2) $120°$ (3) $45°$

解説 (1) n 角形の内角の和 $=180°\times(n-2)$

だから，$n=6$ のときは，$180°\times(6-2)=720°$

(2) 正六角形の内角の和は $720°$ だから，1つの内角は
$720°\div6=120°$

(3) 多角形の外角の和は $360°$ だから，正八角形の1
つの外角は，$360°\div8=45°$

5 (1) △ABC，△AEC (2) △ADE

(3) △DBE，△ABE

解説 三角形の角度は，
右の図のようになる。

3つの内角がすべて鋭角
（$0°$ より大きく $90°$ より
小さい角）である三角形

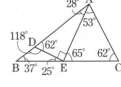

を鋭角三角形，1つの内角が直角である三角形を直
角三角形，1つの内角が鈍角（$90°$ より大きく $180°$ よ
り小さい角）である三角形を鈍角三角形という。

6 $110°$

解説 $\angle ABC+\angle ACB=180°-40°=140°$ だから，

$$\angle DBC+\angle DCB=\frac{1}{2}(\angle ABC+\angle ACB)$$
$$=\frac{1}{2}\times140°=70°$$

よって，$\angle x=180°-(\angle DBC+\angle DCB)$
$$=180°-70°=110°$$

7 (1) $\angle x=\angle a+\angle d$ (2) $180°$

解説 (1) AC と BD の交点を P とすると，
△APD の内角と外角の関係から，

$\angle x=\angle a+\angle d$ …①

(2) AC と BE の交点を Q とすると，△CEQ の内角
と外角の関係から，

$\angle BQC=\angle c+\angle e$ …②

①と②と，△BPQ の内角の和＝180° から，
$$\angle a+\angle b+\angle c+\angle d+\angle e$$
$$=\angle b+\underset{\sim}{\angle a+\angle d}+\underline{\angle c+\angle e}$$
$$=\angle b+\underline{\angle x}+\underline{\angle BQC}=180°$$
この問題のように混み入った図で，三角形の内角と外角の関係を使うときは，どの三角形における内角と外角の関係かを明示すること。

⑧ 115°

解説 補助線として AB を延長し，三角形と五角形に分けて考える。右の図で，

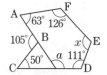

$\angle a=(180°-105°)+50°=125°$
五角形の内角の和は 540°
だから，$\angle x=540°-(126°+63°+125°+111°)=115°$

---

3 合同と証明

Step 1 基礎力チェック問題 (p.60-61)

① (1) 辺 DE　(2) ∠F　(3) △ABC≡△DEF

解説 (1) 辺 AB に対応する辺は，辺 DE。

(2) ∠C に対応する角は，∠F。

(3) 合同であることを記号を使って表すときは，対応する頂点の記号を，順に合わせて表すこと。この場合，A と D，B と E，C と F が対応する。

② (1) 辺 GH　(2) 3 cm　(3) ∠ABC, 100°

解説 合同な図形では，対応する辺の長さは等しく，対応する角の大きさも等しい。

(3) ∠FGH に対応するのは，∠ABC である。

③ ⑦と⑨(3 組の辺がそれぞれ等しい。)
　⑦と⑨(2 組の辺とその間の角がそれぞれ等しい。)
　⑦と⑦(1 組の辺とその両端の角がそれぞれ等しい。)

解説 三角形の 3 つの合同条件は，必ず覚えること。本冊 60 ページの図のイメージで覚えればよい。なお，⑦と⑨のように，鏡の像のような左右反転した形でも，合同であるという。

④ ⑦, ⑨

解説

⑦…1 組の辺とその両端の角がそれぞれ等しい。

⑦…形は同じだが辺の長さが決まらない。

⑨…2 組の辺とその間の角がそれぞれ等しい。

⑦…右の図のような場合がある。

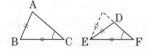

---

⑤ (1) 仮定…ℓ//m, m//n　結論…ℓ//n

(2) 仮定…(ある数が)4 の倍数
　結論…(その数は)12 の倍数

(3) 仮定…△ABC で，AB＝BC＝CA
　結論…∠A＝∠B＝∠C＝60°

解説 (2)「ならば」を使っていいかえると，「4 の倍数ならば，12 の倍数である。」となる。

(3) ことばでいいかえると，「△ABC が正三角形ならば，その 3 つの内角は等しく，どれも 60° である。」となる。この「ならば」の前の部分(仮定)は，「△ABC で，AB＝BC＝CA」と表せる。「ならば」のあとの部分(結論)を式で表すと，「∠A＝∠B＝∠C＝60°」となる。

Step 2 実力完成問題 (p.62-63)

① (1) ×　(2) ×　(3) ○　(4) ×

解説 (1) 等しい 2 辺の間の角によって，さまざまな二等辺三角形がある。

(2) 残りの 1 つの角も 50° に決まり，形は決まるが，このような三角形には，形は同じでも大きさの異なるさまざまな三角形がある。

(3) このような正三角形は，どれも 3 組の辺の長さが等しいことになり，合同である。

(4) 1 辺が 5 cm で，その両端の角が 30°，100° の場合と，5 cm の辺の両端の角が 30° と 50° の場合がある。

> ミス対策 簡単な図をかいてみて，条件に合う三角形を二種類以上かけるかどうかを考えてみよう。

② (1) 160°　(2) 40°　(3) 4 cm　(4) 3 cm

解説 (1) ∠E は∠A に対応しているから，∠A と同じで 160° である。

(2) ∠D は∠H に対応しているから，∠D＝100°
四角形の内角の和は 360° だから，
$\angle B=360°-(160°+100°+60°)=40°$

(3) 辺 AB は辺 EF に対応しているから，4 cm。

(4) HE＝DA＝3 cm

③ (1) △AED≡△CFD

(2) 2 組の辺とその間の角がそれぞれ等しい。

解説 (1) 記号「≡」を使うときは，対応する頂点を周にそって同じ順に書く。

(2) △AED と△CFD において，AD＝CD，AE＝CF，
∠DAE＝∠DCF＝90°

4 (1) 仮定…四角形 ABCD で，AB＝BC＝CD＝DA

結論…△ABD≡△CBD

(2) 〔証明〕 △ABD と△CBD において，

仮定より，AB＝CB …①

AD＝CD …②

また，共通な辺だから，BD＝BD …③

①，②，③より，3 組の辺がそれぞれ等しいから，△ABD≡△CBD

解説 (1)「四角形 ABCD で，AB＝BC＝CD＝DA ならば，△ABD≡△CBD である。」といいかえられるから，「ならば」の前の部分が仮定，あとの部分が結論。

(2) 三角形の 3 つの合同条件のうち，どれが使えるかを考えて証明する。

3 つの合同条件のうち，どの条件によって合同であるといえるのかを，必ず明示すること。

5 〔証明〕 △ABE と△DCE において，

仮定より，BE＝CE …①

∠B＝∠C …②

また，対頂角は等しいから，

∠AEB＝∠DEC …③

①，②，③より，1 組の辺とその両端の角がそれぞれ等しいから，

△ABE≡△DCE

したがって，AE＝DE

解説 AE＝DE を証明するのに，この 2 つの辺が等しいことを直接証明するのではなく，これらの辺を含む 2 つの三角形が合同であることを証明することで，対応する 2 つの辺が等しいことをいう。

> ミス対策 このような問題では，2 つの三角形が合同であることを証明して終わるミスが多い。何を証明するのかを必ず確認すること。

6 〔証明〕 BC と DE の交点を G とする。

AB∥DE より，同位角は等しいから，

∠ABC＝∠DGC

BC∥EF より，同位角は等しいから，

∠DGC＝∠DEF

よって，∠ABC＝∠DEF

解説 平行線の性質を利用し，∠ABC と∠DEF の両方の同位角を使って，∠ABC＝∠DEF を証明する。

7 (1) △ABE と△CBE において，BE は共通。

四角形 ABCD は正方形だから，

AB＝CB，∠ABE＝∠CBE＝45°

2 組の辺とその間の角がそれぞれ等しいから，

△ABE≡△CBE

よって，∠BAE＝∠BCE……①

また，AB∥DC より，錯角は等しいから，

∠BAE＝∠AFD……②

①，②より，∠BCE＝∠AFD

(2) 67°

解説 (1) AB∥DC より，

∠BAE＝∠AFD がいえることに注目し，∠BAE と∠BCE をそれぞれ角にもつ 2 つの三角形が合同であることを示す。

(2) (1)より，△ABE≡△CBE だから，

∠BEA＝∠BEC

△ADE の外角だから，

∠BEA＝∠ADE＋∠DAE

＝45°＋22°＝67°

よって，∠BEC＝∠BEA＝67°

定期テスト予想問題 ① (p.64-65)

1 (1) ∠x＝40°，∠y＝140°

(2) ∠x＝112°，∠y＝68°

解説 (1) ℓ∥m で，錯角だから，∠x＝40°

∠y＝180°－∠x＝180°－40°＝140°

(2) 三角形の内角と外角の関係より，

∠x＝58°＋54°＝112°

また，∠x のとなりの角は，180°－112°＝68°

この角と∠y は，ℓ∥m の錯角だから，

∠y＝68°

2 (1) 42° (2) 50°

解説 (1) 右の図のように，∠B の点を通り，ℓ，m に平行な直線 BE をひき，CD との交点を F とする。平行線の錯角は等しいから，

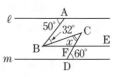

50°＝32°＋∠CBF → ∠CBF＝18°

また，平行線の同位角だから，∠CFE＝60°

△CBF の内角と外角の関係から，

∠x＋∠CBF＝∠CFE

つまり，∠x＋18°＝60°

これより，∠x＝60°－18°＝42°

(2) DE∥BC で，平行線の同位角だから，

∠ADE＝35°

よって，∠AED＝180°－(80°＋35°)＝65°

∠AED を折り返した角だから，∠DEF＝65°
したがって，
　　∠CEF＝180°－(∠AED＋∠DEF)
　　　　　＝180°－(65°＋65°)＝50°

3 (1) 144° (2) 110°

解説 (1) n 角形の内角の和は 180°×$(n-2)$ だから，
十角形の内角の和は，180°×$(10-2)$＝1440°
正十角形はどの内角も等しいから，1つの内角は，
　　1440°÷10＝144°

別解 正十角形の 1 つの外角は，
　　360°÷10＝36°
よって，1つの内角は，180°－36°＝144°

(2) ∠DCB＝360°－(80°＋135°＋75°)＝70°
だから，∠DCE＝180°－∠DCB
　　　　　　　　　＝180°－70°＝110°

4 (1) △ABC≡△DBC
　　1組の辺とその両端の角がそれぞれ等しい。
　(2) △ACP≡△BDP
　　2組の辺とその間の角がそれぞれ等しい。

解説 2つの三角形の合同を示すとき，対応する頂点
をきちんと押さえて，その順に書く。
(1) ∠ABC＝∠DBC，∠ACB＝∠DCB と，辺 BC
が共通であることから，1組の辺とその両端の角が
それぞれ等しいので，△ABC≡△DBC である。
(2) △ACP と △BDP において，
　　AP＝BP，CP＝DP
さらに，対頂角だから，∠APC＝∠BPD
よって，2組の辺とその間の角がそれぞれ等しいか
ら，△ACP≡△BDP

5 〔証明〕 △BMD と △CMA において，
　　仮定より，BM＝CM　…①
　　　　　　　DM＝AM　…②
　　また，対頂角は等しいから，
　　　　∠BMD＝∠CMA　…③
　　①，②，③より，2組の辺とその間の角がそれぞ
　　れ等しいから，△BMD≡△CMA
　　したがって，BD＝CA

解説 BD＝CA を証明するために，まず，これらの
辺を含む △BMD と △CMA が合同となることを証
明し，その対応する辺だから BD＝CA となること
をいう。
証明すべきことは，BD＝CA である。
三角形の合同で証明を終わるミスに注意する。

6 〔証明〕 △EAB と △EDC において，
　　仮定より，AE＝DE　…①
　　ℓ∥m で，錯角が等しいことから，

∠EAB＝∠EDC　…②
対頂角だから，∠AEB＝∠DEC　…③
①，②，③より，1組の辺とその両端の角がそれ
ぞれ等しいから，△EAB≡△EDC
したがって，AB＝DC

解説 まず，辺 AB と辺 DC を含む △EAB と
△EDC が合同であることを証明する。ℓ∥m だから，
平行線の錯角は等しいことを利用する。

7 〔証明〕 △ABD と △CBD において，
　　仮定より，AB＝CB　…①
　　　　　　　AD＝CD　…②
　　また，　　BD＝BD　…③
　　①，②，③より，3組の辺がそれぞれ等しいので，
　　△ABD≡△CBD　…④
　　△AFD と △CFD において，
　　④より，∠ADF＝∠CDF　…⑤
　　また，FD＝FD　…⑥
　　②，⑤，⑥より，2組の辺とその間の角がそれぞ
　　れ等しいので，△AFD≡△CFD
　　合同な図形の対応する角の大きさは等しいので，
　　∠AFD＝∠CFD　…⑦
　　また，対頂角は等しいので，
　　∠BFE＝∠CFD　…⑧
　　⑦，⑧より，∠BFE＝∠AFD

解説 ∠BFE，∠AFD と同じ大きさになりそうな角
をさがすことから始める。∠CFD に目をつけてか
らは，∠CFD を含む三角形と合同になりそうな三
角形をさがす。△AFD と △CFD の合同をいえばよ
いことまでわかってからも，三角形の合同条件を使
うためには，まず別の三角形の合同をいわなければ
ならないことに注意する。

定期テスト予想問題 ② （p.66-67）

1 (1) ∠x＝100°，∠y＝125°　(2) ∠x＝65°

解説 (1) 右の図のように点
E，F を決めると，
　　∠EFD＝180°－80°
　　　　　＝100°

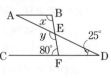

AB∥CD で，錯角は等しいから，
　　∠x＝∠EFD＝100°
また，△EFD の内角と外角の関係から，
　　∠y＝100°＋25°＝125°
(2) ℓ∥m で，錯角は等しいことと，一直線の角が
180° であることから，50°＋∠x＋65°＝180°

よって，∠x=180°−(50°+65°)=65°

2 (1) 150°　(2) 36°　(3) **七角形**

解説 (1) n 角形の内角の和は，180°×(n−2) だから，これに n=12 を代入して，

180°×(12−2)=1800°

正十二角形の内角はどれも等しいから，1つの内角は，1800°÷12=150°

別解 1つの外角は，360°÷12=30°

よって，1つの内角は，180°−30°=150°

(2) 正十角形の(どんな多角形でも)外角の和は360°で，どの外角も等しいから，1つの外角は，

360°÷10=36°

(3) n 角形の内角の和は，180°×(n−2)

で，これが900°だから，180°×(n−2)=900°

これを解くと，n=7

3 145°

解説 四角形の内角の和は360°だから，

∠BAD+∠BCD=360°−(130°+60°)
＝170°　…①

また，右の図のように，頂点 D から半直線 DP をひいて，△APD と△CPD における内角と外角の関係を考えると，

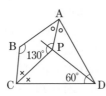

∠APC=(∠PAD+∠PDA)+(∠PCD+∠PDC)
＝∠PAD+∠PCD+(∠PDA+∠PDC)
＝∠PAD+∠PCD+∠D
＝∠PAD+∠PCD+60°

ここで，線分 PA，PC がそれぞれ∠A，∠C の二等分線であることと①から，

∠PAD+∠PCD=$\frac{1}{2}$(∠BAD+∠BCD)

＝$\frac{1}{2}$×170°=85°

したがって，∠APC=85°+60°=145°

別解 四角形の内角の和が360°だから，

∠BAD+∠BCD=360°−(130°+60°)=170°

線分 PA，PC がそれぞれ∠A，∠C の二等分線であることから，

∠PAB+∠PCB=$\frac{1}{2}$(∠BAD+∠BCD)

＝$\frac{1}{2}$×170°=85°

四角形 ABCP の内角の和が360°だから，

∠APC=360°−(∠PAB+∠PCB+∠B)
＝360°−(85°+130°)
＝145°

4 (1) △BCE

(2) 2組の辺とその間の角がそれぞれ等しい。

(3) 60°

解説 (1) AD=BE であることを証明するのだから，辺 BE を含み，△ABD と合同になる三角形を，等しい長さの線分，等しい角に注意して見つける。

(2) △ABD と△BCE において，

△ABC が正三角形であることから，

AB=BC　　　…①

∠ABD=∠BCE　…②

また，仮定から，BD=CE　…③

①，②，③より，△ABD と△BCE が合同である条件は，2組の辺とその間の角がそれぞれ等しい，ことである。

(3) △ABP の内角と外角の関係から，

∠APE=∠ABP+∠BAP　…④

また，(2)より，△ABD≡△BCE だから，

∠BAP=∠CBE　…⑤

④，⑤と∠ABC が60°であることから，

∠APE=∠ABP+∠BAP
＝∠ABP+∠CBE
＝∠ABC
＝60°

5 〔証明〕 四角形の内角の和は360°だから，

∠BAD+∠ABC=360°−(∠C+∠D)

また，∠PAB=$\frac{1}{2}$∠BAD

∠PBA=$\frac{1}{2}$∠ABC

であるから，

∠PAB+∠PBA=$\frac{1}{2}$(∠BAD+∠ABC)

＝$\frac{1}{2}${360°−(∠C+∠D)}

＝180°−$\frac{1}{2}$(∠C+∠D)

したがって，

∠APB=180°−(∠PAB+∠PBA)

＝180°−{180°−$\frac{1}{2}$(∠C+∠D)}

＝$\frac{1}{2}$(∠C+∠D)

解説 三角形の内角の和は180°，四角形の内角の和は360°であることを使うと，

∠APB=180°−(∠PAB+∠PBA)

∠C+∠D=360°−(∠BAD+∠ABC)

と表せる。この2つの式を，PA，PB がそれぞれ∠A，∠B の二等分線であることから結びつけるこ

とを考える。なお,式の表し方はいろいろあるので,
すじ道が通った証明になっていれば正答とする。

6 360°

解説 頂点 A と B を直線で結ぶ。

△OAB の内角と外角の関係から,

$$∠OAB+∠OBA＝∠AOE \quad …①$$

また,△OEF の内角と外角の関係から,

$$∠OEF+∠OFE＝∠AOE \quad …②$$

①,②より,

$$∠OAB+∠OBA＝∠OEF+∠OFE$$

したがって,印がついている角の大きさの和は,
四角形 ABCD の内角の和と等しいから,360°

別解 上の解説の

$$∠OAB+∠OBA＝∠OEF+∠OFE$$

は,△OAB と △OEF の内角の和と,

$$∠AOB＝∠EOF(対頂角)$$

であることから求めてもよい。

1 三角形

Step 1 基礎力チェック問題 (p.68-69)

1 (1) 65° (2) 50° (3) FD＝FE

(4) 50°

解説 (1) AB＝AC だから,∠B と ∠C が底角になり,
等しい。したがって,∠x＝65°

(2) 三角形の内角の和は 180° であるから,

$$∠y＝180°－(65°+65°)＝50°$$

(3) △DEF は,∠D＝∠E ならば,∠D と ∠E を底
角とする二等辺三角形だから,FD＝FE

(4) ∠D＝∠E だから,

$$∠E＝(180°－80°)÷2＝50°$$

2 △DEF,辺 ED と辺 EF

解説 △ABC の∠C を求めると,

$$∠C＝180°－(60°+50°)＝70°$$

△GHI の∠I を求めると,

$$∠I＝180°－(40°+45°)＝95°$$

だから,これらは二等辺三角形ではない。

△DEF の∠D は,

$$∠D＝180°－(100°+40°)＝40°$$

で,∠D＝∠F だから,ED＝EF の二等辺三角形で
ある。

3 ⑦ CAD ⑦ その間の角 ⑦ BD

⑦ ADC ⑦ 180 ⑦ 90

解説 問題の定理を証明するためには,<u>結論として
何をいえばよいかをまず整理する。</u>「底辺を垂直に
2等分する」は,与えられた図では,

$$BD＝CD,\quad AD⊥BC$$

であること。したがって,この2点を示せばよい。

4 (1) ∠E,斜辺と1つの鋭角がそれぞれ等しい。

(2) DF,斜辺と他の1辺がそれぞれ等しい。

解説 直角三角形の合同条件は,

・斜辺と1つの鋭角がそれぞれ等しい。

・斜辺と他の1辺がそれぞれ等しい。

の2つだから,このどちらかをあてはめる。

直角三角形でも,ふつうの三角形の3つの合同条
件を使える。上の2つの合同条件は,ふつうの合同
条件に加えて,直角三角形だけに使える,特別な合
同条件である。

1 (1) 72° (2) 70° (3) 40°

解説 それぞれどの角とどの角が底角になるかをよく考えてから求めること。

(1) AB=AC より，∠B=∠C

よって，∠x=(180°−36°)÷2=72°

(2) CA=CB より，∠A=∠B=55°

よって，∠x=180°−55°×2=70°

(3) ∠ACB=180°−110°=70°

△ABC で，BA=BC より，

∠A=∠ACB=70°

よって，∠x=180°−70°×2=40°

別解 ∠A=∠ACB=180°−110°=70°

△ABC の内角と外角の関係から，

∠A+∠x=110°

よって，∠x=110°−70°=40°

2 〔証明〕 △ABD と △ACE において，

仮定より，AB=AC …①

また，AB=AC より，∠ABC=∠ACB で，

線分 BD，CE はそれぞれの角の二等分線だから，

∠ABD=∠ACE …②

さらに，∠A=∠A （共通）…③

①，②，③より，1 組の辺とその両端の角がそれぞれ等しいから，△ABD≡△ACE

したがって，BD=CE

解説 BD，CE をそれぞれ辺として含む三角形の合同を証明すればよい。解答の証明では，△ABD と △ACE を使ったが，△EBC と △DCB の合同を使って証明してもよい。

この問題で最終的に証明することは，BD=CE である。三角形の合同を証明したところで終わらないこと。

3 〔証明〕 △ACE と △DCB において，

それぞれの正三角形の辺であることから，

AC=DC …①

CE=CB …②

また，∠ACE=60°+∠DCE

∠DCB=∠DCE+60°

よって，∠ACE=∠DCB …③

①，②，③より，2 組の辺とその間の角がそれぞれ等しいから，△ACE≡△DCB

したがって，∠EAC=∠BDC

解説 ∠EAC と ∠BDC をそれぞれ内角として含む △ACE と △DCB が合同であることを証明することで，∠EAC=∠BDC を示す。そのときに，△DAC

と △ECB がどちらも正三角形であることから，それぞれの 3 つの辺が等しいことや，内角の大きさがどれも 60° で等しいことを使って証明すればよい。

4 (1) 2 つの角が等しい三角形は，二等辺三角形である。〈正しい〉

(2) △ABC と △DEF で，AB=DE ならば，△ABC≡△DEF である。〈正しくない〉

反例…右の図のような三角形

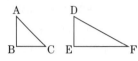

解説 (1) 2 つの角が等しい三角形は，それらを底角とする二等辺三角形だから，正しい。

(2) AB=DE であっても，他の 2 辺の長さや，角の大きさが等しくなければ，△ABC≡△DEF とはいえないから，正しくない。

ミス対策 あることがらの逆をいうとき，単にことばや式を入れかえるのではなく，必要なことばを補って，きちんと意味が通じるように答えること。

5 (1) △ABD≡△CBD

直角三角形の斜辺と 1 つの鋭角がそれぞれ等しい。

(2) △ABC≡△CDA

直角三角形の斜辺と他の 1 辺がそれぞれ等しい。

解説 まずは，直角三角形の斜辺に着目する。(1)(2) ともに，斜辺は共通なので等しい。(2)は，AD∥BC や AB∥DC であるとはいっていないので注意する。

6 〔証明〕 △AQP と △ACP において，

仮定より，∠AQP=∠ACP=90° …①

∠QAP=∠CAP …②

また，AP=AP（共通）…③

①，②，③より，直角三角形の斜辺と 1 つの鋭角がそれぞれ等しいから，

△AQP≡△ACP

したがって，AQ=AC

解説 辺 AQ，AC をそれぞれ含む △AQP と △ACP に着目すると，ともに直角三角形で，斜辺が共通だから，直角三角形の合同条件を使ってこれらが合同であることを証明する。これから AQ=AC であることを示せばよい。

7 36°

解説 ∠A=a°…① とおくと，

AD=BD より，∠ABD=a°

△ABD の内角と外角の関係から，

$\angle BDC = \angle A + \angle ABD = a° + a° = 2a°$

BC＝BD より，

$\angle BCD = \angle BDC = 2a°$ …②

AB＝AC より，

$\angle ABC = \angle BCD = 2a°$ …③

①，②，③と三角形の内角の和より，

$a° + 2a° + 2a° = 180°$

これより，$5a° = 180°$ よって，$a° = 36°$ である。

8 〔証明〕 △PQR で，

∠RPQ と∠APQ は折り返した角だから，

$\angle RPQ = \angle APQ$ …①

AD∥BC より，平行線の錯角は等しいから，

$\angle RQP = \angle APQ$ …②

①，②より，$\angle RPQ = \angle RQP$

したがって，2つの角が等しいから，△PQR は
二等辺三角形である。

解説 図に表すと，右の
ようになる。折り返した
角が等しいこと，
AD∥BC より，錯角が等
しいことに着目する。

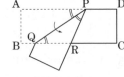

---

2 平行四辺形

Step 1 基礎力チェック問題 （p.72-73）

1 (1)AB∥DC，AD∥BC

(2)$x = 10$，$y = 7$ (3)∠DCB

解説 (1) 平行四辺形の定義は，「2組の対辺がそれぞ
れ平行」である。それを記号を使って表す。

(2) 平行四辺形の対辺は等しいから，AB＝DC
また，対角線はそれぞれの中点で交わるから，対角
線の交点を E とすると，ED＝EB

(3) 平行四辺形の対角はそれぞれ等しいから，
∠BAD＝∠DCB

2 (1)○ (2)× (3)× (4)○

解説 (1) $\angle D = 360° - (80° + 100° + 80°) = 100°$

∠A＝∠C，∠B＝∠D で，
2組の対角がそれぞれ等し
いから，平行四辺形である。

(2) 右の図1のような四角
形 ABCD になることがあ
る。

(3) 右の図2のような台形
ABCD になることがある。

図1

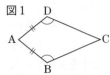

図2

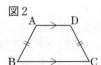

---

(4)1組の対辺が平行で，その長さが等しいから，平
行四辺形である。

3 (1)3 cm (2)5 cm (3)70° (4)110°

解説 AD∥EF∥BC，AB∥GH∥DC だから，図中の
四角形はすべて平行四辺形である。

(1)CF＝7－4＝3(cm)

(2)PF＝8－3＝5(cm)

(3)∠GHC＝∠CDG＝70°

(4)∠EPG＝180°－∠GPF＝180°－70°＝110°

4 (1)∥ (2)＝ (3)①BCD ②CDA

(4)∥ (5)①CO ②DO

解説 本冊 72 ページにある平行四辺形になるための
条件を，それぞれ図の記号を使って表す。

5 (1)44° (2)46°

解説 (1) $\angle BAE = 180° - 68° \times 2 = 44°$

(2) ∠DAE＝∠AEB＝∠ABE＝68°

△ADF の内角について，

$\angle ADF = 180° - (90° + 68°) = 22°$

平行四辺形の対角で，∠B＝∠D だから，

$\angle CDF = 68° - 22° = 46°$

Step 2 実力完成問題 （p.74-75）

1 (1)70° (2)60° (3)35° (4)35°

解説 (1)平行四辺形の対角は等しいから，

$\angle x + 40° = 110° \rightarrow \angle x = 70°$

(2)平行四辺形の対角は等しいから，

∠C＝2x，∠D＝x

よって，$2x + x + 2x + x = 360°$

$6x = 360° \rightarrow x = 60°$

(3)$\angle ADC = 180° - (55° + 55°) = 70°$

平行四辺形の対角は等しいから，∠ABC＝70°

よって，$\angle x = 70° - 35° = 35°$

(4)AB∥DC より，錯角は等しいから，

∠ACD＝∠BAC＝70°

よって，$\angle x = 70° - 35° = 35°$

2 (1)AB＝CD (2)∠OBA＝∠ODC

(3)1組の辺とその両端の角

(4)△OAB≡△OCD

解説 △OAB と △OCD が合同であることを証明す
ることによって，OA＝OC，OB＝OD を導く証明
である。このような証明で，

OA＝OC，OB＝OD のような，これから証明しよ
うとしていることがらは使えないことに注意する。

---

③〔証明〕 四角形 ADCB において，仮定より，

AO＝CO

BO＝DO

したがって，対角線がそれぞれの中点で交わるから，四角形 ADCB は平行四辺形である。

これより，平行四辺形の対辺だから AB∥DC となり，衣類をのせる台と床は平行になる。

解説 四角形 ADCB が平行四辺形になることを示して，1組の対辺が平行であることを証明する。

④〔証明〕 △ABC と△PAD において，

仮定より，AB＝PA …①

平行四辺形の対辺は等しいから，

BC＝AD …②

△ABP は AB＝AP の二等辺三角形だから，

∠ABP＝∠APB

すなわち，∠ABC＝∠APB …③

AD∥BC より，平行線の錯角は等しいから，

∠PAD＝∠APB …④

③，④より，∠ABC＝∠PAD …⑤

①，②，⑤より，2組の辺とその間の角がそれぞれ等しいから，△ABC≡△PAD

合同な図形の対応する辺の長さは等しいから，

AC＝PD

解説 △ABP が AB＝AP の二等辺三角形であることに着目する。

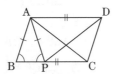

⑤〔証明〕 四角形 ABCD は平行四辺形だから，

AF∥EC …①

仮定より，∠FAE＝$\frac{1}{2}$∠BAD

∠ECF＝$\frac{1}{2}$∠DCB

ここで，平行四辺形の対角は等しいから，

∠BAD＝∠DCB

よって，∠FAE＝∠ECF …②

また，AB∥DC だから，錯角は等しいので，

∠BFC＝∠ECF …③

②，③より，∠FAE＝∠BFC

同位角が等しいから，AE∥FC …④

①，④より，四角形 AFCE は，2組の対辺がそれぞれ平行だから，平行四辺形である。

解説 AF∥EC だから，もう1組の対辺 AE と FC が平行ならば，平行四辺形であるといえる。このように，ポイントをしぼって証明を考えるとよい。

Step 1 基礎力チェック問題 （p.76-77）

1 (1) 長方形（正方形） (2) ひし形（正方形）
　(3) 正方形　(4) ひし形（正方形）
　(5) 長方形（正方形）

解説 (1) 1つの角が直角である平行四辺形は，4つの角がすべて直角→長方形

(2) となり合う辺の長さが等しい平行四辺形は，4つの辺がすべて等しい→ひし形

(3) 正方形の性質，(4) ひし形の性質，(5) 長方形の性質である。

2 (1) 90 (2) ∥

解説 この場合の仮定と結論を，図の記号を使って表すと，

仮定…AB＝CD，AB⊥m，CD⊥m

結論…ℓ∥m　である。

線分 AB，CD は，直線 m へひいた垂線だから，

∠ABD＝∠CDE＝90°

つまり，同位角が等しいから，AB∥CD になる。

3 (1) △BDE，△CDE，△BDC，△BEC
　(2) △DBC，△ABD，△ACD

解説 (1) ℓ∥m だから，この間の距離は一定。よって，△ADE と底辺 DE を共有する△BDE，△CDE は面積が等しい。

また，BC＝DE だから，BC を底辺とする△BDC，△BEC も面積が等しい。

(2) AD∥BC だから，底辺 BC を共有する△DBC，AB∥DC だから，底辺 AB を共有する△ABD は，それぞれ面積が等しい。

また，△ABD と△ACD は，底辺 AD を共有し，高さが等しいから面積も等しい。

4 (1) △EBD (2) △DEC

解説 (1) ℓ∥BD で，底辺 BD を共有するから

△ABD＝△EBD

(2) 四角形 ABCD＝△ABD＋△DBC

で，(1)より，△ABD＝△EBD だから，

四角形 ABCD＝△EBD＋△DBC

＝△DEC

1 (1)ひし形　(2)長方形　(3)正方形

解説 (1)∠ABD＝∠CBD＝∠ADB より，
AB＝AD となる。

(2)AC＝2AO＝2DO＝BD となる。

(3)∠A＝90°より長方形であり，∠BOA＝90°よりひ
し形でもあるから，正方形になる。

2 〔証明〕 △ABP と△DCP において，
長方形の対辺だから，AB＝DC　…①
正三角形の辺だから，PB＝PC　…②
また，∠ABP＝∠ABC－∠PBC
　　　　　＝90°－60°＝30°
∠DCP＝∠DCB－∠PCB
　　　　　＝90°－60°＝30°
よって，∠ABP＝∠DCP　　　…③
①，②，③より，2組の辺とその間の角がそれぞ
れ等しいから，△ABP≡△DCP である。

解説 長方形があれば，4つの内角が90°であること
や，対辺が平行で長さが等しいことが使える。また，
正三角形があるときは，3辺の長さが等しいこと，
3つの内角がどれも 60°であることが使えるので，
証明にもこれらを利用することを考える。

> **ミス対策** 上の証明で，AB＝DC，PB＝PC を
> 示したあと，∠APB＝∠DPC（対頂角）とす
> るミスが多い。これは対頂角ではないし，必
> 要なのは∠ABP＝∠DCP であることなど，
> 仮定と合同条件をよく考えることが大切。

3 〔証明〕 AB∥DC だから，△ABD＝△ABC
また，△AOD＝△ABD－△ABO
　　　　△BOC＝△ABC－△ABO
したがって，△AOD＝△BOC である。

解説 △AOD＝△ABD－△ABO
　　　△BOC＝△ABC－△ABO
であることに気づけば，あとは△ABD＝△ABC を
証明すればよい。

4 〔証明〕 AB∥DC で，底辺 AP を共有するから，
　　　　△APD＝△APC　…①
また，AC∥PQ で，底辺 AC を共有するから，
　　　　△APC＝△AQC　…②
また，AD∥BC で，底辺 QC を共有するから，
　　　　△AQC＝△DQC　…③
①，②，③より，△APD＝△DQC である。

解説 平行線を利用して，底辺を共有する面積の等
しい三角形を，次々に移していき，最終的に
△APD＝△DQC を示せばよい。

5 (1)(2)下の図

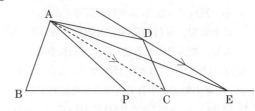

解説 (1)△ACD＝△ACE となるように，次のよう
な手順で作図する。

　　① 点Dを通り，対角線 AC に平行な直線をひき，
　　辺 BC の延長との交点を E とする。

　　② 点 A と点 E を直線で結ぶ。

(2)線分 BE の中点を P として，直線 AP をひく。

6 〔証明〕 右下の図のように，点 P を通り，
辺 AB，DC に平行な直線をひき，辺 AD，BC と
の交点を E，F とする。
AB∥EF で，底辺 AB を
共有するから，
　　△ABP＝△ABE
EF∥DC で，底辺 CD を共有するから，
　　△CDP＝△CDE
よって，
　　△ABP＋△CDP＝△ABE＋△CDE　　…①
一方，△BCE＝$\frac{1}{2}$□ABCD だから，
　　△ABE＋△CDE＝$\frac{1}{2}$□ABCD　　…②
①，②より，△ABP の面積と△CDP の面積の和
は，平行四辺形 ABCD の面積の半分になる。

解説 点 P を通り，辺 AB，DC に平行な直線をひい
て，△ABP，△CDP を△ABE，△CDE に移して
証明する。証明の後半は，△ABE の面積が平行四
辺形 ABFE の半分，△CDE の面積が平行四辺形
EFCD の半分として証明してもよい。

定期テスト予想問題 ① （p.80-81）

1 (1)○ (2)○ (3)× (4)× (5)○

解説 (2)斜辺 AB の中点を M とすると，
AM＝BM＝CM となる。M を，頂点 A，B，C と
あと1つの頂点でできる長方形の対角線の交点と考
えるとよい。

(3) 右のような四角形も考えら
れるから，正方形とはかぎらな
い。「四角形」が「平行四辺形」
であれば，必ず正方形である。

(4)1つの内角が直角でも，たと
えば他の内角が100°，100°，70°の四角形も考えら
れるから，正しくない。

このような問題では，反例が1つでもあれば正し
くない。したがって，あてはまらない例（反例）をま
ずさがしてみること。

2 (1)84° (2)118° (3)34° (4)30°

解説 (1) AB＝AC だから，∠B＝∠C
よって，∠x＝180°－48°×2＝84°
(2) AB＝AC だから，∠B＝∠ACB
よって，∠B＝∠ACB＝(180°－56°)÷2＝62°
したがって，∠x＝180°－62°＝118°
(3)平行四辺形の対角は等しいから，∠ABC＝120°
よって，∠x＝180°－(120°＋26°)＝34°
(4) AD∥BC より，錯角は等しいから，
∠BCA＝∠CAD＝55°
よって，三角形の内角と外角の関係から，
∠x＋55°＝85° → ∠x＝30°

3 〔証明〕 △DBC と△ECB において，
仮定より，∠BDC＝∠CEB＝90°…①
また，　　BC＝CB（共通）　　…②
二等辺三角形の底角だから，
　　　　　∠DCB＝∠EBC　　…③
①，②，③より，直角三角形の斜辺と1つの鋭角
がそれぞれ等しいから，
　　　　　△DBC≡△ECB
したがって，∠DBC＝∠ECB
よって，△PBC は，∠PBC と∠PCB を底角とす
る二等辺三角形だから，PB＝PC である。

解説 PB＝PC を証明するには，△PBC が二等辺三
角形であることをいえばよい。そのために，底角と
考えられる∠PBC と∠PCB が等しいことを証明す
る。

4 〔証明〕 △BCD と△ACE において，
仮定より，BC＝AC…①，CD＝CE…②
また，∠BCA＝∠DCE＝90°だから，
　　　　　∠BCD＝90°－∠DCA
　　　　　　　　＝∠ACE　…③
①，②，③より，2組の辺とその間の角がそれぞ
れ等しいから，△BCD≡△ACE
したがって，∠DBC＝∠EAC　…④
一方，仮定より，CB＝CA だから，
　　　　　∠DBC＝∠BAC　…⑤
④，⑤より，∠BAC＝∠EAC である。

解説 △BCD と△ACE の合同の証明のポイントに
なるのは，∠BCD＝∠ACE を示すこと。このとき，
等しい角から共通の角をひいたものは等しいことを
使うが，これは証明問題でよく使われるので，覚え
ておくとよい。

5 〔証明〕 △DAF において，
仮定より，∠BAF＝∠DAF
AB∥DC で，平行線の錯角だから，
　　　　　∠BAF＝∠DFA
よって，∠DAF＝∠DFA だから，△DAF は
二等辺三角形であり，DA＝DF　…①
同様にして，△CBG において，
∠CBG＝∠CGB がいえ，CB＝CG　…②
一方，平行四辺形の対辺は等しいから，
　　　DA＝CB　　　…③
①，②，③より，DF＝CG
したがって，CF＝DF－DC
　　　　　　　＝CG－DC＝DG

解説 △DAF と△CBG がどちらも二等辺三角形で
あることを示して，それと平行四辺形の対辺が等し
いことから，DF＝CG を証明することがポイント。
あとは，これらから共通部分 CD をひけば，結論
CF＝DG が得られる。

6 〔証明〕 △ABC と△DBC は，底辺 BC が共通で，
ℓ∥m より高さが等しいから，
　　　△ABC＝△DBC　…①
また，△ABE＝△ABC－△EBC　…②
　　　△DCE＝△DBC－△EBC　…③
①，②，③より，△ABE＝△DCE である。

解説 平行線と面積の関係から，△ABC＝△DBC が
わかる。あとは，この2つの三角形において，
△EBC が共通であることに気づけば，△ABC，
△DBC のそれぞれから△EBC をひけば，△ABE＝
△DCE がいえる。

35

1 (1) **同位角が等しければ，2直線は平行である。**
　　〈正しい〉
　(2) $x>0$ ならば，x は自然数である。
　　〈正しくない〉
　　反例… $x=\dfrac{1}{2}$
　(3) **四角形 ABCD で，AC⊥BD ならば，その四角形はひし形である。**〈正しくない〉
　　反例…右の図のような四角形 ABCD

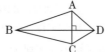

解説 「○○○ならば，△△△である。」の○○○（仮定）と△△△（結論）を入れかえたものが，もとのことがらの「逆」である。
(1) 単純にことばを入れかえると，「同位角が等しければ，2直線は平行である。」となる。これは平行線の角の関係から，正しい。
(2) 「ならば」の前後を入れかえて，「$x>0$ ならば，x は自然数である。」となる。
(3) 「四角形 ABCD において，その2つの対角線が AC⊥BD であれば，その四角形はひし形である。」などとしてもよい。
単純に「AC⊥BD ならば，…」とすると，AC，BD が何を表すかはっきりしない。このようなときは，「四角形 ABCD で」などのことばを補うとよい。

2 (1) $40°$　(2) **長方形**
解説 (1) 頂角と1つの底角の大きさの比が 5:2 だから，それぞれの角を $5a°$，$2a°$ とすると，三角形の内角の和から，

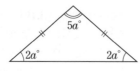

　$5a°+2a°×2=180°$
これより，$a°=20°$
したがって，1つの底角は，$20°×2=40°$
(2) ∠A，∠B の外角の大きさをそれぞれ $2a°$，$2b°$ とすると，右の図のようになる。そこで，右の図の $\angle x$ の大きさを考えると，

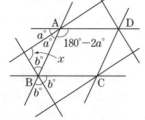

　$\angle x=180°-(a°+b°)$
一方，AD//BC で，平行線の同位角は等しいから，$180°-2a°=2b°$
これを整理すると，$a°+b°=90°$
したがって，$\angle x=180°-90°=90°$

同様に，問題のようにしてできる四角形の内角はすべて $90°$ になるから，この四角形は長方形である。

3 $\angle x=15°$，$\angle y=30°$
解説 仮定より，AP=AD だから，△APD は
∠APD=∠ADP の二等辺三角形である。
ここで，∠PAD=∠PAB+∠BAD
　　　　　　　$=60°+90°=150°$
だから，∠x＝$(180°-150°)÷2=15°$
また，BP=BC より，△BPC も二等辺三角形で，∠BPC=∠BCP だから，上と同様に，
　　　　∠BPC=15°
したがって，∠$y=60°-15°×2=30°$

4 (1) $\dfrac{1}{2}x$ cm　(2) $90°-a°$
解説 (1) 仮定より，ME=MA
また，点 M は辺 AD の中点だから，
　　　ME=MA=$\dfrac{1}{2}x$(cm)
(2) △ABM と△EBM において，
仮定より，MA=ME，BA=BE
また，共通な辺だから，BM=BM
よって，3組の辺がそれぞれ等しいから，
　　　△ABM≡△EBM
つまり，∠ABE=$2a°$ である。
ここで，△BAE は BA=BE の二等辺三角形だから，∠BAE=∠BEA で，内角の和より，
　　　$2a°+2\angle BAE=180°$
これより，∠BAE=$90°-a°$
さらに，AB//DC で，平行線の錯角だから，
　　　∠ACD=∠BAE=$90°-a°$

5 〔証明〕 △ABE と△DAF において，
　仮定より，∠BEA=∠AFD=$90°$ …①
　　　　　　　AB=DA　　　　　…②
　また，三角形の内角の和から，
　　　∠ABE=$180°-(90°+\angle BAE)$
　　　　　　$=90°-\angle BAE$ …③
　一方，一直線の角が $180°$ であることから，
　　　∠DAF=$180°-(\angle BAE+90°)$
　　　　　　$=90°-\angle BAE$ …④
　③，④から，∠ABE=∠DAF …⑤
　①，②，⑤より，直角三角形の斜辺と1つの鋭角がそれぞれ等しいから，
　　　△ABE≡△DAF
　したがって，BE=AF，AE=DF
　すなわち，BE+DF=AF+AE
　　　　　　　　　　　=EF

〔解説〕この問題の証明を考えるとき，結論が
BE＋DF＝EF であることから，線分 BE を線分
AF に，線分 DF を線分 AE に移せないかを考えて
みる。すると，△ABE と△DAF が合同であること
を示せば，BE＋DF＝EF がいえることがわかる。
このようにして，証明の方針を決めていくとよい。
あとは，△ABE，△DAF がどちらも直角三角形で
あることから，直角三角形の合同条件を使って証明
を進めればよい。

6 〔証明〕△AGD と△DHC において，
　仮定より，∠AGD＝∠DHC＝90° …①
　正方形の辺だから，AD＝DC　　　…②
　また，∠ADC＝90° より，
　　　∠ADG＝90°－∠CDH
　△DHC の内角の和から，
　　　∠DCH＝180°－(90°＋∠CDH)
　　　　　　＝90°－∠CDH
　よって，∠ADG＝∠DCH　　　…③
　①，②，③より，直角三角形の斜辺と 1 つの鋭角
　がそれぞれ等しいから，
　　　△AGD≡△DHC
　したがって，AG＝DH　　　…④
　一方，△DHC と△EBF において，
　④と仮定の AG＝EB より，DH＝EB …⑤
　また，∠EBF は∠ABC＝90° の外角だから，
　　　∠DHC＝∠EBF＝90°　　　…⑥
　さらに，AB∥DC で，平行線の同位角だから，
　　　∠CDH＝∠FEB　　　…⑦
　⑤，⑥，⑦より，1 組の辺とその両端の角がそれ
　ぞれ等しいから，
　　　△DHC≡△EBF
　したがって，CH＝FB である。

〔解説〕CH を含む△DHC と FB を含む△EBF が合同
であることを証明して，CH＝FB を導くことが基
本方針になるが，直接△DHC≡△EBF は証明でき
ないので，間に△DHC≡△AGD の証明を入れて，
DH＝AG＝EB を示すことになる。このときに，直
角三角形の合同条件を使う。
△DHC≡△EBF の証明のときに，
　DH＝EB，∠DHC＝∠EBF＝90°
と，解答の証明の③および平行線の錯角から
　∠EFB＝∠ADG＝∠DCH
から，△DHC≡△EBF はいえない。これでは，「1
組の辺と 2 つの角がそれぞれ等しい」ことになり，「1
組の辺とその両端の角がそれぞれ等しい」ではない。
この場合は，もう 1 組の角∠CDH と∠FEB が等し

いことを示さなければならないことに注意する。ま
た，直角三角形の合同の証明であっても，ふつうの
三角形の合同条件が使えることに注意しよう。

7 右の図

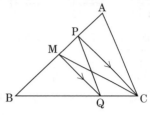

〔解説〕次の手順でかく。
　① 辺 AB の中点 M をとる。
　② 点 M から，PC に平行な直線をひき，辺 BC
　　との交点を Q とする。
　③ 点 P と点 Q を直線で結ぶ。
〔理由〕点 M は辺 AB の中点だから，
　　　$\triangle MBC = \dfrac{1}{2}\triangle ABC$
PC∥MQ だから，△CMQ＝△PMQ
したがって，△PBQ＝△MBC
　　　　　　　　$= \dfrac{1}{2}\triangle ABC$

〔別解〕
辺 BC の中点 M を
とって，同様の手
順で PQ をひいて
もよい。

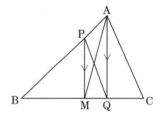

1 確率の求め方

Step 1 基礎力チェック問題　（p.84-85）

1 (1)$\dfrac{3}{10}$　(2)①$\dfrac{2}{5}$　②$\dfrac{3}{5}$

解説 (1)起こりうるすべての場合は10通り。そのうち，当たる場合は3通りだから，$\dfrac{3}{10}$

(2)5個のうち1個を取り出す場合は,全部で5通り。

①そのうち，赤玉が出る場合は2通り。→ $\dfrac{2}{5}$

②そのうち，白玉が出る場合は3通り。→ $\dfrac{3}{5}$

2 (1)ア×　イ○　ウ×　(2)$\dfrac{1}{8}$　(3)$\dfrac{7}{8}$

解説 (2)樹形図より，起こりうるすべての場合は8通り。そのうち3枚とも表が出るのは1通り。→ $\dfrac{1}{8}$

(3)少なくとも1枚は表が出る場合は7通り。→ $\dfrac{7}{8}$

「少なくとも1枚は表が出る」ということは，表が3枚でも，2枚でも，1枚でもよいということ。

3 (1)$\dfrac{1}{2}$　(2)$\dfrac{1}{6}$　(3)$\dfrac{5}{6}$

解説 (1)まずAが1本ひき，残った3本からBが1本ひくときの場合の数は，本冊85ページの「得点アップアドバイス」に示した樹形図のように，全部で12通りある。このうち，Bが当たる場合は6通りあるから，Bが当たる確率は，$\dfrac{6}{12}=\dfrac{1}{2}$ である。

(2)(1)と同様にして考えると，AとBの両方がはずれくじをひく場合は，12通り中2通りである。

よって，求める確率は，$\dfrac{2}{12}=\dfrac{1}{6}$

(3)同様に，少なくともA，Bのどちらかが当たる場合は，12通り中10通りだから，$\dfrac{10}{12}=\dfrac{5}{6}$

別解 「少なくともA，Bのどちらかが当たる」とは，「A，Bの両方がはずれ，ではない」ということだから，この確率は，(2)が起こらない確率である。

したがって，$1-\dfrac{1}{6}=\dfrac{5}{6}$

4 (1)$\dfrac{1}{2}$　(2)12　(3)$\dfrac{1}{18}$

解説 (1)さいころを1回投げるときの目の出方は，全部で6通り。このうち，点Pが負の位置にある場合は，さいころの目が1，3，5の場合で3通り。

したがって，求める確率は，$\dfrac{3}{6}=\dfrac{1}{2}$

(2)2回とも6の目が出た場合で，そのとき点Pは，正の方向に6+6=12だけ動く。

(3)さいころを2回投げるときの目の出方は,全部で，6×6=36(通り)ある。このうち，点Pが −3の位置にある場合は，奇数の目が，偶数の目より3大きい場合だから，〔1回目，2回目〕の順でさいころの目の数を表すと，〔5，2〕，〔2，5〕の2通りである。

したがって，求める確率は，$\dfrac{2}{36}=\dfrac{1}{18}$

Step 2 実力完成問題　（p.86-87）

1 (1)$\dfrac{1}{5}$　(2)$\dfrac{3}{10}$　(3)$\dfrac{1}{2}$　(4)$\dfrac{1}{4}$

解説 (1)100本のくじの中から1本のくじをひく場合の数は100通り。また，当たりくじをひく場合の数は20通りだから，求める確率は，$\dfrac{20}{100}=\dfrac{1}{5}$

(2)10枚のカードから1枚をひくひき方は10通り。3の倍数が書かれたカードは，3，6，9の3枚あるから，これをひく場合の数は3通り。したがって，求める確率は，$\dfrac{3}{10}$

(3)1個のさいころを投げるとき，出る目の場合の数は，1〜6の6通り。その中で，奇数の目が出る場合は，1，3，5の3通りあるから，求める確率は，$\dfrac{3}{6}=\dfrac{1}{2}$

(4)2枚の百円硬貨をA，Bとして，表・裏の出方を樹形図に表すと，右の図のように全部で4通りある。このうち，2枚とも裏が出る場合は1通りだから，求める確率は$\dfrac{1}{4}$

```
A    B
    ┌表
表 ─┤
    └裏
    ┌表
裏 ─┤
    └裏
```

> ミス対策 表・裏の出方を「表・表」「表・裏」「裏・裏」の3通りとしない。樹形図にかいて確認する。

2 (1)9通り　(2)$\dfrac{1}{3}$　(3)$\dfrac{1}{3}$　(4)$\dfrac{2}{3}$

解説 (1)Aの出し方はグー，チョキ，パーの3通り。そのそれぞれについて，Bの出し方も3通りずつあるから，全部で，3×3=9(通り)

(2)あいこになるのは，A，Bがともにグー，チョキ，パーのいずれかを出す場合で，3通りある。

したがって，求める確率は，$\dfrac{3}{9}=\dfrac{1}{3}$

(3)Bが勝つのは，〔A，B〕の順に表すと，

〔グー，パー〕，〔チョキ，グー〕，〔パー，チョキ〕

の3通りだから，Bが勝つ確率は，$\dfrac{3}{9}=\dfrac{1}{3}$

(4)「Aが負けない確率」＝「Bが勝たない確率」

だから，(3)より，$1-\dfrac{1}{3}=\dfrac{2}{3}$

別解　「Aが負けない」のは，「Aが勝つ」ときと，「あいこになる」とき。Aが勝つのは，(3)の場合の逆で3通り。あいこになるのは，(2)から3通り。合わせて，6通りだから，求める確率は，$\dfrac{6}{9}=\dfrac{2}{3}$

> **ミス対策** **別解** の解き方で，「Aが負けない」を「Aが勝つ」と考えてはいけない。きちんと場合分けをして，すべての場合を考えること。

③ (1)① $\dfrac{1}{5}$　② $\dfrac{2}{5}$　(2) $\dfrac{1}{2}$

解説 (1)5枚のカードから，まず1枚をひくひき方は5通り。そのそれぞれについて，残った4枚から1枚をひくひき方は4通りあるから，続けて2回ひくひき方は，全部で5×4＝20(通り)ある。

①そのうち，2けたの整数が20以下になるのは，はじめにひいたカードが1の場合だけで，それは，12，13，14，15の4通り。

したがって，求める確率は，$\dfrac{4}{20}=\dfrac{1}{5}$

②2けたの整数が40以上になるのは，はじめにひいたカードが4，5の場合で，それは，41，42，43，45，51，52，53，54の8通り。

したがって，求める確率は，$\dfrac{8}{20}=\dfrac{2}{5}$

(2)4枚のカードから，同時に2枚取り出すとき，その組み合わせは，7，8，7，9，7，0，8，9，8，0，9，0の6通り。このうち，これらの数の積が0になるのは，一方に0が含まれる場合で3通りだから，求める確率は，$\dfrac{3}{6}=\dfrac{1}{2}$

④ (1)10通り　(2) $\dfrac{2}{5}$

解説 (1)2人の当番の選び方は，〔A，B〕，〔A，C〕，〔A，D〕，〔A，E〕，〔B，C〕，〔B，D〕，〔B，E〕，〔C，D〕，〔C，E〕，〔D，E〕の10通り。

(2)当番にDが含まれるのは，(1)から4通り。

したがって，求める確率は，$\dfrac{4}{10}=\dfrac{2}{5}$

2人の当番を選ぶとき，〔A，B〕の選び方と〔B，A〕の選び方は同じになることに注意する。

⑤ (1) $\dfrac{1}{9}$　(2) $\dfrac{5}{18}$

解説 さいころを2回ふるときの目の出方は，全部で，6×6＝36(通り)で，次の通りである。

		2回目					
		1	2	3	4	5	6
1回目	1	[1, 1]	[1, 2]	[1, 3]	[1, 4]	[1, 5]	[1, 6]
	2	[2, 1]	[2, 2]	[2, 3]	[2, 4]	[2, 5]	[2, 6]
	3	[3, 1]	[3, 2]	[3, 3]	[3, 4]	[3, 5]	[3, 6]
	4	[4, 1]	[4, 2]	[4, 3]	[4, 4]	[4, 5]	[4, 6]
	5	[5, 1]	[5, 2]	[5, 3]	[5, 4]	[5, 5]	[5, 6]
	6	[6, 1]	[6, 2]	[6, 3]	[6, 4]	[6, 5]	[6, 6]

1回目をa，2回目をbとして，出た目を$[a,\ b]$と表す。

(1)$x=3$となるのは，$[1,\ 4]$，$[3,\ 6]$，$[4,\ 1]$，$[6,\ 3]$の4通り。

したがって，求める確率は，$\dfrac{4}{36}=\dfrac{1}{9}$

(2)$-8\leqq x\leqq-2$となるのは，$[1,\ 1]$，$[1,\ 3]$，$[1,\ 5]$，$[2,\ 5]$，$[3,\ 1]$，$[3,\ 3]$，$[3,\ 5]$，$[5,\ 1]$，$[5,\ 2]$，$[5,\ 3]$の10通り。

したがって，求める確率は，$\dfrac{10}{36}=\dfrac{5}{18}$

⑥ $\dfrac{1}{5}$

解説 袋の中の6枚のカードから，2枚のカードを同時に取り出すときの組み合わせは，

〔A，B〕，〔A，C〕，〔A，D〕，〔A，E〕，〔A，F〕，〔B，C〕，〔B，D〕，〔B，E〕，〔B，F〕，〔C，D〕，〔C，E〕，〔C，F〕，〔D，E〕，〔D，F〕，〔E，F〕

の15通り。このうち，円周上の2点を結ぶ線分が円の面積を2等分するのは，その線分が円の直径となる場合で，〔A，D〕，〔B，E〕，〔C，F〕の3通り

だから，求める確率は，$\dfrac{3}{15}=\dfrac{1}{5}$

定期テスト予想問題　(p.88-89)

① (1) $\dfrac{1}{2}$　(2) $\dfrac{3}{10}$　(3) $\dfrac{33}{100}$　(4)0　(5)1

(6) $\dfrac{4}{5}$

解説 100枚のカードから1枚をひくときのひき方は，全部で100通り。

(1)1から100までの数の中に，偶数は50個あるから，求める確率は，$\dfrac{50}{100}=\dfrac{1}{2}$

(2) 30 以下のカードは 30 枚あるから, $\dfrac{30}{100}=\dfrac{3}{10}$

(3) 1 から 100 までに 3 の倍数は $100÷3=33$ 余り 1
より 33 個あるから, 求める確率は, $\dfrac{33}{100}$

(4) 101 のカードはないから, 確率は 0

(5) すべてのカードがあてはまるから, 確率は 1

(6) ひいたカードに書かれた数が 5 の倍数である確率は, そのようなカードが $100÷5=20$(枚)あるから, $\dfrac{20}{100}=\dfrac{1}{5}$

したがって, 求める確率は, $1-\dfrac{1}{5}=\dfrac{4}{5}$

2 (1) $\dfrac{1}{15}$ (2) $\dfrac{2}{5}$ (3) $\dfrac{3}{5}$

[解説] 白玉を 1, 2, 3, 4, 赤玉を⑤, ⑥とすると, 2
個の取り出し方は,

〔1, 2〕, 〔1, 3〕, 〔1, 4〕, 〔1, ⑤〕, 〔1, ⑥〕,
〔2, 3〕, 〔2, 4〕, 〔2, ⑤〕, 〔2, ⑥〕, 〔3, 4〕,
〔3, ⑤〕, 〔3, ⑥〕, 〔4, ⑤〕, 〔4, ⑥〕, 〔⑤, ⑥〕
の 15 通り。

(1) 2 個とも赤玉は, 1 通りだから, $\dfrac{1}{15}$

(2) 2 個とも白玉は, 6 通りだから, $\dfrac{6}{15}=\dfrac{2}{5}$

(3) 「少なくとも 1 個は赤玉」＝「2 個とも白玉, では
ない」だから, (2)より, $1-\dfrac{2}{5}=\dfrac{3}{5}$

3 (1) $\dfrac{1}{9}$ (2) $\dfrac{1}{9}$ (3) $\dfrac{2}{3}$

[解説] じゃんけんの出し方は, それぞれがグー, チョ
キ, パーの 3 通りずつあるので, 全部で,
$3×3×3=27$(通り)ある。A, B, Cの順に,
〔グ, チ, パ〕のように表すと,

(1) A と B が勝つのは, 〔グ, グ, チ〕, 〔チ, チ, パ〕,
〔パ, パ, グ〕の 3 通りだから, $\dfrac{3}{27}=\dfrac{1}{9}$

(2) A だけ負けるのは, 〔グ, パ, パ〕, 〔チ, グ, グ〕,
〔パ, チ, チ〕の 3 通りだから, $\dfrac{3}{27}=\dfrac{1}{9}$

(3) あいこになるのは, 3 人とも同じ場合の 3 通りと,
3 人とも異なる場合の 6 通りを合わせて 9 通り。

したがって, 求める確率は, $1-\dfrac{9}{27}=\dfrac{2}{3}$

4 (1) $\dfrac{1}{12}$ (2) $\dfrac{1}{4}$ (3) $\dfrac{7}{36}$

[解説] さいころの目の出方は, $6×6=36$ より, 全部
で 36 通り。目の出方を〔a, b〕で表す。

(1) $a+b$ が 3 以下となるのは, 〔1, 1〕, 〔1, 2〕,

〔2, 1〕の 3 通りだから, その確率は, $\dfrac{3}{36}=\dfrac{1}{12}$

(2) $a×b$ が奇数になるのは, a, b ともに奇数の場
合だけだから, $3×3=9$(通り)

したがって, 求める確率は, $\dfrac{9}{36}=\dfrac{1}{4}$

(3) $3a+b$ が 5 の倍数になるのは,

$a=1$ のとき, $3+b=5 → b=2$ の 1 通り。

$a=2$ のとき, $6+b=10 → b=4$ の 1 通り。

$a=3$ のとき, $\left.\begin{array}{l}9+b=10 → b=1\\9+b=15 → b=6\end{array}\right\}$ の 2 通り。

$a=4$ のとき, $12+b=15 → b=3$ の 1 通り。

$a=5$ のとき, $15+b=20 → b=5$ の 1 通り。

$a=6$ のとき, $18+b=20 → b=2$ の 1 通り。

合わせて 7 通りだから, 求める確率は, $\dfrac{7}{36}$

5 (1) $\dfrac{5}{36}$ (2) $\dfrac{5}{9}$

[解説] 2 つのさいころの目の出方は, 36 通り。また,
図の 1 目もりがつくる角度は, 30° である。

(1) 2 つのさいころの目の出方を〔大の目, 小の目〕
で表すと, 2 つの針のつくる角が 180° になるのは,

〔1, 5〕, 〔2, 4〕, 〔3, 3〕, 〔4, 2〕, 〔5, 1〕

の 5 通りだから, 求める確率は, $\dfrac{5}{36}$

(2) 大きいさいころの目が 1 ～ 6 のそれぞれの場合
に, 条件を満たす目の出方を調べると,

1 のとき, 〔1, 1〕, 〔1, 2〕, 〔1, 3〕 の 3 通り。

2 のとき, 〔2, 1〕, 〔2, 2〕, 〔2, 6〕 の 3 通り。

3 のとき, 〔3, 1〕, 〔3, 5〕, 〔3, 6〕 の 3 通り。

4 のとき, 〔4, 4〕, 〔4, 5〕, 〔4, 6〕 の 3 通り。

5 のとき, 〔5, 3〕, 〔5, 4〕, 〔5, 5〕, 〔5, 6〕 の
　　　　　4 通り。

6 のとき, 〔6, 2〕, 〔6, 3〕, 〔6, 4〕, 〔6, 5〕 の
　　　　　4 通り。

合わせて 20 通りだから, 求める確率は, $\dfrac{20}{36}=\dfrac{5}{9}$

[別解] 2 つの針のつくる小さいほうの角が, 0°, 150°,
180° となる確率を求めて, 1 からひいてもよい。

1 箱ひげ図

Step 1 基礎力チェック問題 （p.90-91）

1 (1)最小値…19(kg) 最大値…39(kg)

(2)第1四分位数…26(kg)

第2四分位数…33(kg)

第3四分位数…36(kg)

(3)20(kg)

(4)10(kg)

|解説| データの値を小さい順に並べると，次のようになる。

19, 23, ㉖, 27, 30, | ㉝ | 34, 34, ㊱, 37, 39

(2) データの個数は11個なので，第2四分位数(中央値)は小さいほうから数えて6番目の33(kg)。第1四分位数は前半のデータの中央値だから26(kg)，第3四分位数は後半のデータの中央値だから36(kg)である。

(3) (範囲)＝(最大値)－(最小値)だから，

39－19＝20(kg)

(4) (四分位範囲)＝(第3四分位数)－(第1四分位数)だから，36－26＝10(kg)

2 (1)第1四分位数…3(時間)

第2四分位数…6(時間)

第3四分位数…10(時間)

(2)下の図

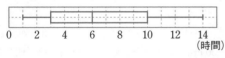

|解説| (1)データの個数は12個なので，四分位数はそれぞれ下のようになる。

1, 1, 2, 4, 5, 5, | 7, 8, 9, 11, 13, 14

第1四分位数 $\dfrac{2+4}{2}=3$(時間)

第2四分位数(中央値) $\dfrac{5+7}{2}=6$(時間)

第3四分位数 $\dfrac{9+11}{2}=10$(時間)

(2) 最小値は1(時間)，最大値は14(時間)である。これらと四分位数を使って，箱ひげ図をかく。

3 ⑦，⑨

|解説| ⑦第1四分位数は5時間なので，正しくない。

⑨四分位範囲は14－5＝9(時間)だから，正しい。

⑨中央値が8時間なので，正しい。

---

⑨平均値は箱ひげ図からは読み取れないので，このデータからはわからない。

4 (1)⑨ (2)⑦ (3)⑦

|解説| (1) データが比較的中央に集まっているから箱は短くなり，中央値も真ん中付近にある。

(2) データの分布が広くて右寄りに散らばっているから，箱が長くなり，中央値も右寄りにある。

(3) 左右対称でデータが広い区間に散らばっているから，箱ひげ図も中央部分に関して左右対称で箱が長くなる。

Step 2 実力完成問題 （p.92-93）

1 (1)最小値…14(m) 最大値…35(m)

(2)第1四分位数…17(m)

第2四分位数…20(m)

第3四分位数…29.5(m)

(3)21(m)

(4)12.5(m)

|解説| データの値を小さい順に並べると，次のようになる。

14, 15, ⑯, ⑱, 19, ⑳, | ⑳, 26, ㉙, ㉚, 32, 35

(2) データの個数は12個なので，第2四分位数(中央値)は小さいほうから数えて6番目と7番目の平均で，$\dfrac{20+20}{2}=20$(m)。第1四分位数は前半のデータの中央値だから，$\dfrac{16+18}{2}=17$(m)，

第3四分位数は後半のデータの中央値だから，

$\dfrac{29+30}{2}=29.5$(m)である。

(3) (範囲)＝(最大値)－(最小値)だから，

35－14＝21(m)

(4) (四分位範囲)＝(第3四分位数)－(第1四分位数)だから，29.5－17＝12.5(m)

2 (1)第1四分位数…10(分)

第2四分位数…20(分)

第3四分位数…26(分)

(2)下の図

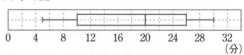

|解説| (1)データの個数は13個なので，四分位数はそれぞれ下のようになる。

5, 7, ⑨, ⑪, 12, 16, ⑳ | 22, 24, ㉕, ㉗, 28, 30

第2四分位数(中央値)は 20(分)

第1四分位数 $\dfrac{9+11}{2}=10$(分)

第3四分位数 $\dfrac{25+27}{2}=26$(分)

(2) 最小値は 5(分)，最大値は 30(分) である。これらと四分位数を使って，箱ひげ図をかく。

③ ㋑

㋐箱ひげ図からは，最小値以上第1四分位数以下の生徒が約 50 人いることはわかるが，その中に記録が 160 cm の生徒がいるかは読み取れない。

㋑第1四分位数が 170 cm 未満であるから，170 cm 未満の生徒は 50 人以上いるが，具体的な人数までは読み取れない。

㋒中央値が 190 cm 未満であるから，半数の 100 人以上の生徒の記録は 190 cm 未満である。

㋓㋒より，190 cm 以上の生徒は半数未満である。

④ (1) ㋒ (2) ㋓ (3) ㋑ (4) ㋐

解説 (1) ヒストグラムの山は右寄りになっている。中央値が右に寄り右側のひげが短い㋒の箱ひげ図が対応する。

(2) ヒストグラムの山は左と右にあり，分布が広い。箱の左右が長くひげが短い㋓の箱ひげ図が対応する。

(3) ヒストグラムは左右対称で，中央値の近くにデータが集中し，分布の散らばりの度合いも小さい。箱も左右のひげも短い㋑の箱ひげ図が対応する。

(4) ヒストグラムから，分布にかたよりがないことがわかる。左右対称に近くて広く分布し，箱とひげの長さがほぼ等しい㋐の箱ひげ図が対応する。

⑤ (1) A グループ　理由…(例)A グループは中央値が 6.5(冊)なので，大きいほうから 8 番目の人は 7 冊以上読んでいるから。

(2) B グループ　理由…(例)四分位範囲を求めると，A グループは 8-5=3(冊)，B グループは 10-3=7(冊)で，B グループのほうが大きいから。

解説 (1) データの個数は A グループが 16 個，B グループが 15 個である。箱ひげ図から中央値を読み取ると，A が 6.5(冊)で，これは大きいほうから 8 番目と 9 番目の平均値なので，8 番目は 7 冊以上読んでいることがわかる。一方，B の中央値は 6(冊)で，これは大きいほうから 8 番目の値である。

(2) (第3四分位数)−(第1四分位数) を計算して，四分位範囲を比べる。

1 (1) 最小値…28(個)　最大値…52(個)

(2) 第1四分位数…34(個)

第2四分位数…39(個)

第3四分位数…47(個)

(3) 13(個)

(4) 下の図

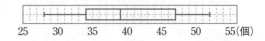

解説 データの値を小さい順に並べると，次のようになる。

28, 29, 32, 36, 38, 38 39, 41, 43, 44, 50, 51, 52

(1) 最小値は 28(個)，最大値は 52(個) である。

(2) 第2四分位数(中央値)は 39(個)

第1四分位数 $\dfrac{32+36}{2}=34$(個)

第3四分位数 $\dfrac{44+50}{2}=47$(個)

(3) 箱ひげ図は，次の手順でかく。

①第1四分位数を左端，第3四分位数を右端とする長方形(箱)をかく。

②長方形の中に第2四分位数(中央値)を示す縦線をかく。

③最小値，最大値を表す縦線をかき，長方形の左端から最小値までと，右端から最大値まで，線分(ひげ)をかく。

2 (1) × (2) × (3) ◯

(4) × (5) ◯

解説 (1) A 中学校のデータでは，第1四分位数は 150 cm，第2四分位数は 160 cm，第3四分位数は 165 cm であるから，150 cm 以上 160 cm 未満の生徒と，160 cm 以上 165 cm 未満の生徒は，ともに 200 人の約 25% でほぼ等しい。正しいといえない。

(2) B 中学校のデータの最小値は 150 cm 未満であるから，B 中学校にも 140 cm 台の生徒が少なくとも 1 人はいる。正しいといえない。

(3) 155 cm 以下の生徒は，A 中学校では少なくとも 50 人，B 中学校では多くても 50 人であるから，正しいといえる。

(4) A 中学校の第3四分位数は 165 cm であるが，この値はデータの 150 番目の値と 151 番目の値の平均値であるから，必ずしも 165 cm の生徒がいるとはいえない。正しいといえない。

(5) 背の高いほうから 51 番目の生徒は，A 中学校で

は 165 cm 以下，B 中学校では 170 cm 未満である
から，正しいといえる。

③ 68.5，69，69.5

解説 x 以外のデータの値を小さい順に並べると，
63，64，67，68，69，70，74，75，77
$x≦66$ の場合は，第 1 四分位数が 67 にならないの
であてはまらない。x は 67 以上の整数となる。

$x=67$，68 のとき，中央値は，$\dfrac{68+69}{2}=68.5$（点）

$x=69$ のとき，中央値は 69（点）

$x≧70$ のとき，中央値は，$\dfrac{69+70}{2}=69.5$（点）

④ (1) 5（冊）　(2) ⦿

解説 (1) 40 人のデータの第 1 四分位数は，小さいほ
うから 10 番目と 11 番目の平均値である。ヒスト
グラムから，そのどちらも 5（冊）の階級にはいって
いるので，第 1 四分位数は 5（冊）となる。

(2) ヒストグラムから，最小値は 1（冊），最大値は 9
（冊），第 1 四分位数は 5（冊），中央値（小さいほう
から 20 番目と 21 番目の平均値）は 6（冊），第 3 四
分位数（小さいほうから 30 番目と 31 番目の平均値）
は 8（冊）ということがわかる。これらに対応する箱
ひげ図は⦿である。

⑤ (1) A　(2) C　(3) D　(4) B

　(5) 記号…A

　　理由…(例) 4 種類のテストの中で，範囲と四分
　　位範囲の両方が最も大きいから。

解説 (1) 第 1 四分位数を比べると，A のみが 30 点未
満であり，30 点以下の生徒が 30 人以上いることが
わかる。

(2) 第 2 四分位数を比べると，C のみが 60 点をこえ
ていて，60 点以下の生徒が 59 人以下であることが
わかる。

(3) 第 3 四分位数を比べると，D のみが 70 点未満で
あり，70 点以上の生徒は 29 人以下であることがわ
かる。よって，70 点をとれば，上位 30 番以内には
いれたことになる。

(4) 第 3 四分位数を比べると，B のみが 80 点をこえ
ている。80 点以上の生徒が 30 人以上いることがわ
かる。

(5) 4 つの箱ひげ図の範囲と四分位範囲を比べると，
いずれも A が最も大きいので，データ全体の散ら
ばりの度合いが大きいといえる。